U0435460

中等职业教育课程改革国家规划新教材
全国中等职业教育教材审定委员会审定

土木工程识图

(房屋建筑类)

赵 研 主编

刘春泽
戚 豹　主审

中国建筑工业出版社

图书在版编目（CIP）数据

土木工程识图（房屋建筑类）/赵研主编．—北京：中国建筑工业出版社，2010
中等职业教育课程改革国家规划新教材．全国中等职业教育教材审定委员会审定
ISBN 978-7-112-12026-0

Ⅰ.土… Ⅱ.赵… Ⅲ.土木工程—建筑制图—识图法—专业学校—教材 Ⅳ.TU204

中国版本图书馆CIP数据核字（2010）第067477号

本书根据教育部《中等职业学校土木工程识图（房屋建筑类）教学大纲》编写，合理界定了"绘图"和"识图"在知识和能力需求上的差异；用生活中常见的现象作为引导展开教材的内容；用真实的建筑工程图作为识图的工作载体。教材分基础和专业模块两部分。基础模块介绍了制图的基本知识，并由浅入深地讲述了点、线、面、体的投影及剖面图与断面图的相关知识；专业模块通过一套典型的工程图，系统介绍了建筑工程图的识读方法和原则。

* * *

责任编辑：朱首明 杨 虹
版式设计：杨 虹 楚 楚
责任设计：赵明霞
责任校对：关 健 王雪竹

中等职业教育课程改革国家规划新教材
全国中等职业教育教材审定委员会审定

土木工程识图
（房屋建筑类）

赵 研 主编
刘春泽
戚 豹 主审

*

中国建筑工业出版社出版、发行（北京西郊百万庄）
各地新华书店、建筑书店经销
北京嘉泰利德公司制版
廊坊市海涛印刷有限公司印刷

*

开本：787×1092毫米 1/16 印张：13½ 字数：350千字
2010年7月第一版 2018年11月第五次印刷
定价：**26.00**元
ISBN 978-7-112-12026-0
（19273）

版权所有 翻印必究
如有印装质量问题，可寄本社退换
（邮政编码100037）

中等职业教育课程改革国家规划新教材
出版说明

　　为贯彻《国务院关于大力发展职业教育的决定》(国发〔2005〕35号)精神,落实《教育部关于进一步深化中等职业教育教学改革的若干意见》(教职成〔2008〕8号)关于"加强中等职业教育教材建设,保证教学资源基本质量"的要求,确保新一轮中等职业教育教学改革顺利进行,全面提高教育教学质量,保证高质量教材进课堂,教育部对中等职业学校德育课、文化基础课等必修课程和部分大类专业基础课教材进行了统一规划并组织编写,从2009年秋季学期起,国家规划新教材将陆续提供给全国中等职业学校选用。

　　国家规划新教材是根据教育部最新发布的德育课程、文化基础课程和部分大类专业基础课程的教学大纲编写,并经全国中等职业教育教材审定委员会审定通过的。新教材紧紧围绕中等职业教育的培养目标,遵循职业教育教学规律,从满足经济社会发展对高素质劳动者和技能型人才的需要出发,在课程结构、教学内容、教学方法等方面进行了新的探索与改革创新,对于提高新时期中等职业学校学生的思想道德水平、科学文化素养和职业能力,促进中等职业教育深化教学改革,提高教育教学质量将起到积极的推动作用。

　　希望各地、各中等职业学校积极推广和选用国家规划新教材,并在使用过程中,注意总结经验,及时提出修改意见和建议,使之不断完善和提高。

教育部职业教育与成人教育司
2010年6月

前　言

　　本书根据教育部《中等职业学校土木工程识图教学大纲》要求进行编写的，分为基础模块和专业模块两个部分。基础模块主要介绍制图标准与工具、投影体系及基本规则、点、线、面、体的投影、剖面图及轴测图的投影；专业模块主要介绍建筑工程图的作用及产生程序、识读建筑工程图的基本方法和原则，考虑到课程之间的序列关系和学生实际，识图能力是以培养学生识读建筑专业施工图为教学目标的，结构专业和有关设备专业施工图的识读由其他教材解决。本书的整体框架和展开顺序符合学生对新事物的认知规律和工作过程，在编写过程中严格执行了国家现行的规范与标准。

　　工程语言作为在学习和工作中不可或缺的沟通工具，建筑工程图的识图能力是中职土建类专业学生必须具备的专业能力之一。它既是今后从事岗位工作所必需的，也是学习诸多相关课程的基础，在整个专业知识和能力体系当中占有基础和中枢的地位。识图能力的形成，需要一个由浅入深、不间断学习、多课程配合、真实任务引领的长期的过程。

　　本书的编写紧密围绕本课程的核心教学目标，紧密结合中职学生的学习习惯、年龄和兴趣实际设计教材的程序和内容。教材的内容努力体现以下特色：一是用生动案例来替代抽象的内容；二是尽量利用生活中常见的、浅显的、学生容易接受的现象作为引导问题来展开教材的内容；三是及早引入必要的工程概念，彰显教材的核心价值和建筑工程色彩；四是力争做到文字简洁、通俗易懂，消除长篇大论的现象；五是充分利用现代化的制作手段，使教材版式生动活泼，有利于引起学生的兴趣；六是合理界定"绘图"和"识图"在知识和能力需求上的差异，突出教学核心；七是利用真实的建筑专业施工图作为识图的工程载体，"真刀真枪"的学习和训练；八是使识图的学习内容与真实的工作过程相统一，让学生养成良好的读图习惯。

为了便于学生领会每个单元的核心学习任务及进行复习和练习，在每个单元之后均附有"单元小结"和"练习与训练"。为了巩固所学知识，掌握必要的能力，"练习与训练"多采用互动式、群体化的训练题目。

　　本书由黑龙江建筑职业技术学院赵研教授担任主编，并编写了绪论、单元7、8、11及结语；天津市建筑工程学校张文华高级讲师担任副主编，并编写了单元3、4、5、6；攀枝花市建筑工程学校龚碧玲高级讲师编写了单元1、2；黑龙江建筑职业技术学院颜晓荣高级工程师编写了单元9、10；天津市建筑工程学校刘萍助理工程师绘制了单元3至单元6的部分插图。本书由刘春泽、戚豹主审，在此表示感谢。

　　由于本书在编写上试图有所变化与创新，对一些传统和经典的内容进行了一定程度的变革，这种做法是否妥当，还需要经过教学实践的检验。再加上编写周期较短，编者又来自不同的单位和地域，本书难免存在缺憾和不足之处，请广大读者及时批评指正，以便在日后择机修改。

编者
2010 年 3 月

目 录

绪论
0.1 工程图的特点和应用 …………………………………… 2
0.2 课程的主要内容 …………………………………………… 4
0.3 课程的特点 ………………………………………………… 5
0.4 学习方法的建议 …………………………………………… 6

单元1 建筑制图的基本知识
1.1 制图工具及使用 …………………………………………… 8
1.2 建筑制图标准 ……………………………………………… 12
1.3 几何作图 …………………………………………………… 24

单元2 投影的基本知识
2.1 投影的形成与分类 ………………………………………… 30
2.2 三面正投影图 ……………………………………………… 33

单元3 点、直线、平面的投影
3.1 点的投影 …………………………………………………… 38
3.2 直线的投影 ………………………………………………… 42
3.3 平面的投影 ………………………………………………… 51

单元4 基本形体的投影
4.1 平面立体的投影 …………………………………………… 65
4.2 曲面立体的投影 …………………………………………… 69

单元5 组合体的投影
5.1 组合体的形成分析 ………………………………………… 78
5.2 组合体投影图的画法 ……………………………………… 80
5.3 组合体投影图的识读 ……………………………………… 85
5.4 组合体的尺寸标注 ………………………………………… 90

*5.5　截切体与相贯体的投影 ………………………………… 92

单元6　轴测投影
　　6.1　轴测投影的基本知识 ……………………………………… 104
　　6.2　常见的轴测投影图 ………………………………………… 106
　　6.3　正等轴测图 ………………………………………………… 106
　　6.4　斜轴测投影图 ……………………………………………… 111

单元7　剖面图与断面图
　　7.1　为什么要绘制剖面图、断面图呢？ ……………………… 118
　　7.2　如何将建筑或建筑构件剖切和截断呢？ ………………… 119
　　7.3　剖面图 ……………………………………………………… 119
　　7.4　断面图 ……………………………………………………… 123

单元8　建筑工程图识读概述
　　8.1　建筑工程图的设计过程和组成 …………………………… 128
　　8.2　制图标准与标准图集 ……………………………………… 131
　　8.3　模数协调与定位轴线 ……………………………………… 142

单元9　设计文本与总平面图的识读
　　9.1　设计文本的阅读 …………………………………………… 150
　　9.2　总平面图的识读 …………………………………………… 154

单元10　建筑平、立、剖面图的识读
　　10.1　建筑平面图的识读 ………………………………………… 164
　　10.2　建筑立面图的识读 ………………………………………… 174
　　10.3　建筑剖面图的识读 ………………………………………… 180

单元11　建筑详图的识读
　　11.1　建筑详图的作用和内容 …………………………………… 190
　　11.2　外墙详图的识读 …………………………………………… 192
　　11.3　楼梯详图的识读 …………………………………………… 195
　　11.4　住宅单元平面图的识读 …………………………………… 198
　　11.5　其他详图的识读 …………………………………………… 200

结语 …………………………………………………………………… 203
参考文献 ……………………………………………………………… 205

绪 论

我们将要学习的课程叫"土木工程识图",这是一门关系到学习其他课程和今后能否胜任就业岗位需要的重要课程。为了使大家对这门课程有一个基本的认识,对学习任务、课程特点和学习方法有一个大致的了解,在正式展开课程内容之前,向大家介绍以下几个方面:

0.1 工程图的特点和应用

建筑与人们的生活、生产和社会活动关系极为密切,我们一生中绝大多数时间是在建筑中度过的。建筑的发展经过了一个漫长的历程,远古人类为了躲避野兽和自然灾害的侵害,借助天然洞穴或树木栖身;在社会经济和技术不发达的年代里,人们利用植物、石头、泥土等天然材料来建造房屋,那时的建筑规模较小、功能单一,没有配套的设备、舒适性较差、技术含量也不高。随着社会的发展,新型建筑材料、设计理论和技术、施工机具、施工技术、建筑设备和管理模式不断涌现,并得到广泛的应用,使现代建筑不论在功能、技术和艺术等方面日益完善,成为安全、舒适与环境相协调的工业产品。

图 0-1 是 2008 年北京奥运会主体工程之一:国家游泳馆(俗称"水立方")。"水立方"建筑面积 7.9 万 m^2,高 31m。设永久坐席 4000 个,临时坐席 2000 个。该建筑为空间钢架结构,采用在整个建筑内外层包裹的 ETFE 膜(乙烯 - 四氟乙烯共聚物),这是一种透明膜,能为场馆内带来更多的自然光。内外立面膜结构共由 3065 个气枕组

图 0-1　北京　国家游泳馆

成（其中最小的 1～2m²，最大的能够达到 70m²），覆盖面积达到 10 万 m²。"水立方" 3 万 m² 屋顶将使雨水的收集率达到 100%，而这些雨水量相当于 100 户居民一年的用水量。同时，由于采用了特殊的膜材料和相应的技术，使得该建筑每天能够利用自然光的时间达到了 9.9 小时，节约了大量的电力资源。

　　在古代，房屋的建造一般是在匠人的统领下进行的，我国河北省石家庄市附近有一座非常著名的古代建筑——赵州桥，赵州桥又名安济桥，建于隋大业年间，距今已 1400 余年。桥长 64.40m，跨径 37.02m，是当今世界上跨径最大、建造最早的单孔敞肩型石拱桥（图 0-2）。赵州桥是在著名匠人李春带领下建造的。那时的匠人往往既是设计师又是工地工程师，同时还是技师。那个时期的建筑一般只有简单的样式（工程图的雏形），更多的是依靠匠人的经验和程式化的操作工艺来完成整个建造过程的。

　　现代建筑的功能逐步完善与丰富，建筑的规模不断扩大，工业化的建筑材料应用越来越普遍，各类设备已成为建筑的重要组成部分。建筑已成为集建筑美学、行为科学、建筑力学、建筑结构科学、建筑材料学、建筑设备、施工技术、施工组织、生态与环境科学于一身的，具有较高科技含量的工业产品。参与建筑生产的部门与企业逐步分离与细化（图 0-3），参与生产的工作人员的任务也各有不同，通常包括：设计人员、施工技术与管理人员、施工操作人员。

　　由于现代建筑具有较高的技术含量，再单纯依靠匠人的经验和简单的图样，已经不能适应建造的要求。建造房屋是一个多部门介入，多专业配合，多工种参与，施工周期长，耗费材料多，系统性

图 0-2　河北 赵州桥

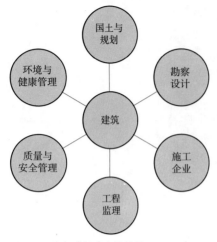

图 0-3　参与建筑生产的单位

强的生产过程。而且建筑的使用年限长，与社会及民众生活关系密切，建造与管理还要受诸多法律法规的制约，所以建造房屋是一项严肃和细致的工作。这就需要有一个能够供参与建筑生产过程各方面人士共同遵守的工程技术文件——工程图。

工程图是建造房屋的依据，相当于制作产品的图样。在建筑过程、建筑的运行和维护、工程造价结算和工程索赔当中具有不可替代的作用，是具有法律效力的技术文件。

信息，是传递意图和情感的载体，也是社会发展的重要因素。信息的内涵十分丰富，文字、语言、图形、表情、肢体动作等都属于信息的组成，我们十分熟悉的"千言万语"、"怒发冲冠"、"手舞足蹈"、"按图索骥"等成语就是对用文字传递信息的描述。

信息的内涵十分丰富，不同的信息载体适于传递的信息内容也不相同，如文字、语言、表情、肢体动作适于传递情感，而图形、文字、语言适于传递工程与技术信息。

现阶段，我国的建筑业还处于从业人员多、从业人员文化与技术水平相对较低的发展时期，属于劳动密集型产业。设计人员的工作意图不易被施工操作人员所领会，而是需要施工企业与施工现场的技术与管理人员对设计意图进行再加工。在当前操作层人员的文化与综合素质较低的现状下，生产一线的技术与管理人才的作用就显得更加重要。

我们与同行交流技术信息的主要载体就是工程图纸。所以熟练地识图，准确地领会设计意图，能够绘图，准确传递自己的想法，是今后从事岗位工作所必备的专业能力，也是学习其他相关课程所必备的基础条件。

在学习与工作中，具备熟练的识图能力，与掌握一门语言同等重要。

0.2　课程的主要内容

顾名思义，我们学习这门课程就是要掌握土木工程识图的能力，为今后的学习和工作打下基础。课程由基础模块、专业模块两部分组成。

基础模块主要研究投影的问题。首先介绍绘制工程图的常用仪器与工具、建筑制图标准的有关规定。然后从投影的现象入手，介绍投影的种类、投影的特点、投影体系的建立、投影的基本规则。在此基础上研究画法几何的基本知识，从点的投影开始，按照直线的投影、平面的投影、基本形体的投影、组合体的投影、轴测投影、剖面图与断面图的顺序，由点到面、由浅入深的展开。

专业模块主要解决识图的问题。通过一套典型的工程图，系统介绍工程图的设计过程、工程图的组成、制图标准、图例与符号、标准图集的作用和应用、建筑专业工程图的识读方法。

具备熟练的识图能力，是我们这门课程的核心教学目标。识图对一个专业人员来说，是一项长期的学习任务。对学生来说，更是一个必须要完成的艰巨任务。

由于建筑工程图是由多个专业的图纸组成的，学习识图并不是一个"死记硬背"的过程，要在了解有关专业知识的基础上，达到"有机识图"的效果。所以，"土木工程识图"课程主要是学习识读建筑专业施工图的方法，其他专业施工图的识读，由后续课程来解决。

0.3 课程的特点

"土木工程识图"担负着培养中职土建类专业学生掌握必备的专业能力的任务，也是学习其他课程的基础，与结构、施工、造价类课程的关系尤为密切。

工程图的图面信息主要由线条、图例、符号、数字、文字组成，要想熟练地掌握，并加以准确地运用，的确需要一个艰苦的学习过程。所以说，识图能力是衡量一名专业人员是否胜任岗位要求的重要标准。

识图能力又叫工程语言能力，建立对投影原则和体系的认识，进而形成熟练的空间想象力是学习的关键。因为，我们的工作对象是具有三维空间的立体，图纸是把三维空间用平面的方式进行不同角度的展现。熟练掌握由空间到平面、由平面到空间的相互转换，是掌握识图能力所必需的。

实际上，我们每一个人都有一定的对图形的辨认能力，图 0-4 是一组日常生活中常见的图例与符号，大家对此应当非常熟悉；我们阅读简单的售房广告，也不会遇到大的困难。不过，建筑专业施工图中所包含的信息量要比公共标识和简单的房型平面图多出许多倍，所运用的图例和符号（见单元 8 有关插图）要比日常生活中常见的公共标识更加复杂和抽象，需要经过专门的训练，并加以认真的领会和记忆。

图 0-4 常见的公共标识

0.4 学习方法的建议

既然识图对我们如此重要，掌握识图能力就成为必须要解决的学习问题。为了使学习更有成效，掌握合理有效的学习方法是非常重要的。我们应当注意以下几点：

- 通过对实体和图形的互认，建立空间想象力；
- 利用作业和练习熟练运用投影的基本规则；
- 重视绘图对掌握识图能力的作用；
- 有目的的阅读和应用制图标准、通用图集等技术文件，尽早建立工程概念；
- 养成"大处着眼，小处着手"的良好读图习惯。用"细致入微"的态度来读图，摒弃"一目十行"的阅读方式。

好了，我们已经明确了课程的学习任务、内容和特点，请大家用认真对待和自信的态度面对这门课程吧。

单元 1
建筑制图的基本知识

图1-1 石刀、石斧

图1-2 锄地

图1-3 加工零件

从古至今，人们在日常的生活和学习中，经常会使用到各种各样的工具。在旧石器时代人们就开始利用石头制作工具（图1-1）；在田间农民利用锄头锄地（图1-2）；工人利用车床加工零件（图1-3）。同样，我们在学习房屋建筑识图的过程中也会使用到各种工具。

- 房屋建筑制图工具有些什么？
- 如何掌握制图工具的正确使用方法呢？
- 国家制图标准里规定了哪些内容呢？
- CAD代表什么含义？

在本单元中我们就能一一解决这些问题。

1.1 制图工具及使用

通过学习，了解制图工具的构造和基本性能，学会正确地使用制图工具，在本课程的学习过程中学会熟练、有效地运用各种制图工具。

房屋建筑的制图工具除了我们在中小学阶段使用过的铅笔、三角板、圆规等工具外，我们还会用到图板、丁字尺、分规、绘图墨水笔、比例尺、计算机等制图工具。要保证制图质量，提高制图速度，就需要我们对各种制图工具和仪器的构造和性能加以了解，掌握它们的正确使用方法，并经常注意维护保养。

1.1.1 图板

图板是用来铺放和固定图纸进行绘图的工具（图1-4）。板面要求光滑平整，软硬合适，图板的两短边（称为工作边）必须平直，这样才能确保画出的线条平直。如果不用图板，而在一般的桌面上绘图，就不能保证图线的质量。

图板有以下几种规格，可根据实际图纸需要选用。一般有 0 号图板（900mm×1200mm），1 号图板（600mm×900mm）及 2 号图板（450mm×600mm）。

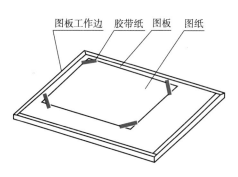

图 1-4　图板

1.1.2　丁字尺

丁字尺形状如同汉字的丁字，由此而得名。丁字尺是由尺头和尺身两部分组成（图 1-5），尺头与尺身的工作边必须垂直，尺头与尺身连接必须牢固，否则制图将不准确。

丁字尺用于画水平线。使用时（图 1-5）用左手握住尺头，使尺头始终紧靠图板的左侧工作边，然后上下推动到需要画线的位置，左手按住尺身，右手执笔从左至右画水平线。画一组水平线时，应由上向下逐条画成，防止线条画糊。

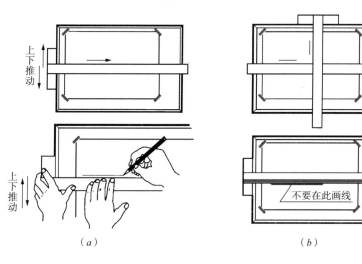

图 1-5　图板和丁字尺的用法
（a）正确的用法；
（b）错误的用法

1.1.3　三角板

一副三角板有 45°和 30°、60°的各一块，三角板可配合丁字尺画竖直线，但应自下而上画，自左向右而画，以使眼睛能够看到完整的画线过程；也可配合画平行线、垂直线、与水平线成 30°、60°、45°斜线，两副三角板组合还可画 75°、15°的斜线（图 1-6）。

1.1.4　铅笔与绘图墨水笔

1. 绘图铅笔

绘图铅笔用标号表示铅芯的软硬程度，标号 H 表示硬芯，数字愈大表示铅芯愈硬，H、2H 常用于画底稿线；标号 B 表示软芯铅笔，数字愈大表示铅芯愈软，B、2B 常用于加深描粗图线；标号 HB 表示中等软硬，常用来标注尺寸和文字。

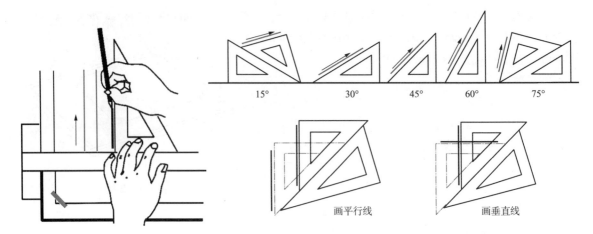

 图1-6 三角板的使用

削铅笔时，应保留有标号的一端，以便于识别（图1-7）。铅笔要削成圆锥形，长度在20～25mm为宜。铅芯要露出6～8mm，用细砂纸磨成锥形或楔形，楔形的铅芯用于加深较粗的图线。画线时执笔要自然，用力要均匀。用锥形铅芯画较长的线段时，应边画边缓慢旋转铅笔，使画出的线条粗细均匀，且注意始终与尺的边缘保持相同的角度。

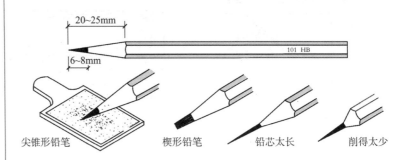

图1-7 绘图铅笔

2. 绘图墨水笔

绘图墨水笔又称针管笔，如图1-8所示。它的优点是能像普通钢笔一样吸墨水，不用经常注墨。笔尖的口径有多种规格，可根据画线宽度不同来选用。画线时笔尖与纸面应保持垂直，如发现墨水不通畅，应上下晃动笔杆，使笔腔内通针将针管内的堵塞物穿通而下水通畅。

图1-8 绘图墨水笔

1.1.5 圆规与分规

1. 圆规

圆规是画圆或画弧线的仪器。圆规有三种插腿（图1-9a）：铅

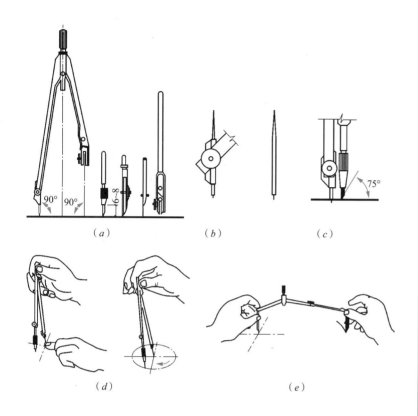

图 1-9 圆规的使用
(a) 圆规及其插脚;
(b) 圆规上的钢针;
(c) 圆心钢针略长于铅芯;
(d) 圆的画法;
(e) 画大圆时加延伸杆

笔插腿（画铅笔线用），直线笔插腿（画墨线用），钢针插腿（代替分规量取尺寸用）。圆规固定腿上的钢针，一端的针尖为锥状，另一端的针尖带有台阶（图 1-9b）。画圆时宜用带台阶的一端，代替分规时用锥状的一端。

用圆规画圆时，应先调整针尖和插腿的长度，使针尖稍长于铅芯或直线笔的笔尖（图 1-9c）调整后再取好半径，以右手拇指或食指捏住圆规旋柄，左手食指和拇指协助将针尖对准圆心，钢针和插腿均垂直于纸面。作图时圆规应稍向前倾斜（图 1-9d）。如所画圆的半径较大，可另加延伸杆（图 1-9e）。

2. 分规

分规是用来量取尺寸和等分线段的仪器（图 1-10）。分规两脚合拢时针尖应合于一点（图 1-10）。用分规将已知线段等分成 n 等分时，可采用试分法。要将 AB 线段五等分，先用目测估计，使分规两针尖距大约为 AB 的 1/5，然后从 A 点开始在 AB 上试分。试分时两针尖交替画圆弧在线段上取试分点。如果最后针尖不落在 B 点上，可用超过或剩余长度的 1/5 调整分规两针尖距离后，再从 A 点开始试分，直到能完全等分为止（图 1-11）。

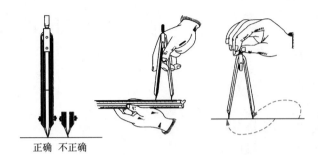

图 1-11 用分规等分线段

图 1-10 分规的使用

1.1.6 比例尺

比例尺是直接用来放大或缩小图线长度的量度工具。绘图用的比例尺常造成三棱柱状，所以又称为三棱尺。多为塑料或木质。比例尺的三个棱面上刻有六种比例，分别表示 1∶100、1∶200、1∶400、1∶500、1∶600 等六种比例。此外，还有一种比例尺是比例直尺，分别表示 1∶100、1∶200、1∶500 三种比例（图 1-12）。

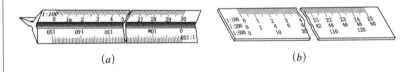

图 1-12 比例尺
(a) 三棱比例尺；
(b) 比例直尺

1.1.7 CAD 在工程图的应用

CAD 是 Computer Aided Design（计算机辅助设计）的缩写。计算机辅助设计就是在设计工作中利用计算机绘图代替传统的手工绘图。使用计算机绘图可极大地改善作图环境，提高设计者的作图速度和精度，保证图纸质量，避免重复性劳动，而且便于修改、保存和检索，使工程图纸的设计水平提高到一个新的台阶。因此，计算机绘图在建筑、机械、电子、航天等诸多工程设计领域得到了广泛的应用。计算机绘图也成为工程技术人员必须掌握的技术，同时，也是工程技术类专业学生的必修课程。

1.2 建筑制图标准

学习目标

通过对建筑制图标准的学习，掌握工程图纸的幅面规格，各种图线的运用，汉字、字母、数字在工程图中的正确书写，在绘制工程图样时该如何选用适当的比例，以及建筑图样中各种尺寸的标注。

1.2.1 制图标准的主要内容与应用

我国幅员辽阔，东西、南北相距都达到五千多公里。如果各个省市、地区都按照各自的地方标准绘制房屋建筑图，就不利于国家的建筑生产和技术交流。只有统一标准的建筑工程图样才能正确地表达设计者的意图，成为施工的重要依据和工程界的技术语言。因此，国家颁布了有关建筑制图国家标准（简称国标）共六种。其中，《房屋建筑制图统一标准》GB/T 50001—2001 对施工图中常用的图纸幅面、比例、字体、图线、尺寸标注等内容作了具体的规定，我们应该在学习的过程中掌握这些制图标准，为今后的工作打下基础。

1.2.2 图幅

图纸幅面是指图纸宽度与长度组成的图面。建筑工程图纸的幅面规格共有五种。按从大到小幅面代号分为 A0、A1、A2、A3、A4。各种图幅的幅面尺寸和图框形式、图框尺寸 GB/T50001—2001 中都有明确规定，见表 1-1。

幅面及图框尺寸（mm）　　　表 1–1

幅面尺寸	A0	A1	A2	A3	A4
$b \times l$	841×1189	594×841	420×594	297×420	210×297
c		10		5	
a			25		

图纸幅面尺寸长边 l 相当于短边 b 的 $\sqrt{2}$ 倍，即 $l=\sqrt{2}\,b$。A0 号图幅的面积为 $1m^2$，A1 号为 $0.5m^2$，是 A0 号图幅的对开，如图 1-13 所示。

长边作为水平边使用的图幅称为横式图幅，短边作为水平边使用的图幅称为立式图幅。A0～A3 可横式或立式使用，A4 只能立式使用。画图时必须要在图幅内画上图框，图框线与图幅线的间隔 a、c 应符合表 1-1 的规定（图 1-14、图 1-15）。

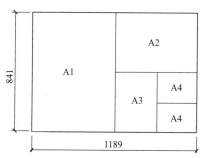

图 1–13　由 A0 图幅对裁其他图幅示意

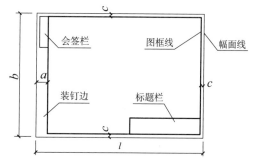

图 1–14　图纸横式幅面

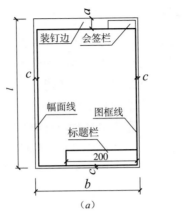
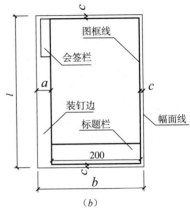

图 1-15 图纸立式幅面
(a) A0～A3 立式幅面；
(b) A4 立式幅面

绘图时可以根据实际需要加长图纸的长边（短边不得加长），但应遵守表 1-2 的规定。

图纸长边加长尺寸 (mm)　　　　表 1-2

幅面代号	长边尺寸	长边加长后尺寸
A0	1189	1486　1635　1783　1932　2080　2230　2378
A1	841	1051　1261　1471　1682　1892　2102
A2	594	743　891　1041　1189　1338　1486　1635　1783　1932　2080
A3	420	630　841　1051　1261　1471　1682　1892

注：有特殊需要的图纸可采用 $b \times l$ 为 841mm×891mm 与 1189mm×1261mm 的幅面。

1.2.3　图线

图线的种类和用途

在房屋建筑工程图中，应根据图样的内容，选用不同的线型和不同粗细的图线。图线线型有实线、虚线、单点长画线、双点长画线、折断线、波浪线等。一般可见的轮廓线用实线，不可见的轮廓线用虚线，物体的中心线、对称线用点画线。除了折断线和波浪线外，其他每种线型又都有粗、中、细三种不同的线宽，各类图线的线型、宽度及用途见表 1-3 及图 1-16。

绘图时应根据所绘图样的繁简程度及比例大小，先确定粗线线宽 b，线宽 b 的数值可从表 1-4 的第一行中选取。粗线线宽确定以后和它成比例的中粗线线宽以及细线线宽也就随之确定了。比如，粗线选用 1.0mm 的线宽，中粗线就用 0.5mm，细线用 0.25mm。

1) 各种图线的画法见表 1-3。

2) 相互平行的两条线，其间隙不宜小于图内粗线的宽度，且不宜小于 0.7mm，如图 1-17 (a) 所示。

图线的种类及用途 表1-3

名称		线型	线宽	用途
实线	粗	——————	b	主要可见轮廓线
	中	——————	$0.5b$	可见轮廓线
	细	——————	$0.25b$	可见轮廓线、图例线
虚线	粗	- - - -	b	见各有关专业制图标准
	中	- - - -	$0.5b$	不可见轮廓线
	细	- - - -	$0.25b$	不可见轮廓线、图例线
单点长画线	粗	—·—·—	b	见各有关专业制图标准
	中	—·—·—	$0.5b$	见各有关专业制图标准
	细	—·—·—	$0.25b$	中心线、对称线等
双点长画线	粗	—··—··—	b	见各有关专业制图标准
	中	—··—··—	$0.5b$	见各有关专业制图标准
	细	—··—··—	$0.25b$	假想轮廓线、成型前原始轮廓线
折断线		∿	$0.25b$	断开界线
波浪线		～～～	$0.25b$	断开界线

线宽组（mm） 表1-4

线宽比	线宽组					
b	2.0	1.4	1.0	0.7	0.5	0.35
$0.5b$	1.0	0.7	0.5	0.35	0.25	0.18
$0.25b$	0.5	0.35	0.25	0.18	—	—

注：1. 需要微缩的图纸，不宜采用 0.18mm 及更细的线宽；
  2. 同一张图纸内，各不同线宽中的细线，可统一采用较细的线宽组的细线。

3）虚线、单点长画线、双点长画线的线段长度和间隔，宜各自相等，如图 1-17（a）所示。

4）虚线与虚线交接或虚线与其他图线交接时，应是线段交接。虚线为实线的延长线时，不得与实线连接，如图 1-17（b）所示。

5）单点或双点长画线的两端，不应是点，点画线于点画线交接或点画线与其他图线交接时，应是线段交接，当在较小的图形中绘制有困难时，单点或双点长画线可用实线代替，如图 1-17（c）所示。

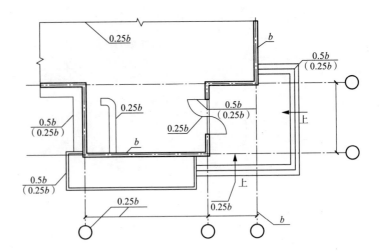

图 1-16 平面图图线宽度选用示例

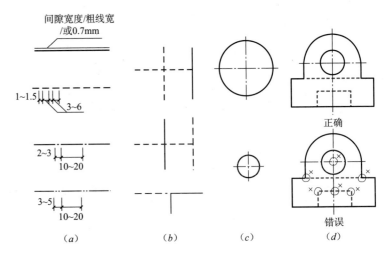

图 1-17 图线的画法及注意事项
(a) 线的画法；(b) 交接；
(c) 圆的中心线画法；(d) 举例

1.2.4 字体

在工程图纸上，图形要求画得准确、标准，同时文字也必须写得清楚、规范。制图中常用的有汉字、阿拉伯数字和拉丁字母，有时也会出现罗马数字、希腊字母等。

《房屋建筑制图统一标准》GB/T50001—2001 规定：图纸上需要书写的文字、数字或符号等，均应笔画清晰、字体端正、排列整齐；标点符号清楚正确。

1. 汉字

汉字的书写应遵守国务院颁布的《汉字简化方案》和有关规定，汉字一律书写成长仿宋字体，如图 1-18 所示。

（1）汉字的规格

汉字的字高用字号来表示，如 5 号字的字高为 5mm。字高系列有 3.5、5、7、10、14、20mm 等，当需要写更大的字体时，其字高应按 $\sqrt{2}$ 的比值递增（见表 1-5）。

工业民用建筑厂房屋平立剖面详图
结构施说明比例尺寸长宽高厚砖瓦
木石土砂浆水泥钢筋混凝截校核梯
门窗基础地层楼板梁柱墙厕浴标号
制审定日期一二三四五六七八九十

图 1-18 长仿宋字体

长仿宋体字高与宽关系表（mm） 表 1-5

字高	20	14	10	7	5	3.5
字宽	14	10	7	5	3.5	2.5

（2）长仿宋字的基本笔画与笔法，见表 1-6。

仿宋体字基本笔画的写法 表 1-6

名称	横	竖	撇	捺	挑	点	钩
形状	一	丨	丿	乀	✓	八	刁乚
笔法	一	丨	丿	乀	✓	八	刁乚

（3）长仿宋字的写法

书写长仿宋字时，其要领为：高宽足格、注意起落、横平竖直、结构匀称、笔画清楚、字体端正、间隔均匀、排列整齐。

书写长仿宋字时，要注意字形结构，如图 1-19 所示。书写时特别要注意起笔、落笔、转折和收笔，务必做到干净利落，笔画不可有歪曲、重叠和脱节等现象。同时要根据整体结构的类型特点，灵活地调整笔画间隔，以增强整字的匀称和美观感。要写好长仿宋字，平时应该多看摹、多写，并且持之以恒。

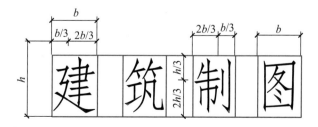

图 1-19 长仿宋体的字形结构

2. 拉丁字母、阿拉伯数字和罗马数字

拉丁字母、阿拉伯数字和罗马数字都可以根据需要写成直体或斜体。斜体的倾斜度应是从字的底线逆时针向上倾斜 75°，其宽度和高度与相应的直体字等同。数字和字母按其笔画宽度又分为一般字体和窄字体两种，如图 1-20 所示。

图 1-20 字母、数字的写法
(a) 一般字体（笔画宽度为字高的 1/10）；(b) 窄体字（笔画宽度为字高的 1/14）

1.2.5 比例

房屋建筑的尺寸较大，不能按照实际的尺寸来画图样，需要用一定的比例来缩小尺寸。图样的比例就是指图形与实物相对应的线性尺寸之比。比例的大小，是指其比值的大小，如 1∶50 大于 1∶100。

比例应以阿拉伯数字表示，如 1∶5、1∶10、1∶100 等。图 1-21 是同一扇门采用不同比例绘制的立面图。

比例宜注写在图名的右侧，字的底线应取平；比例的字高，应比图名的字高小一号或两号，如图 1-22 所示。

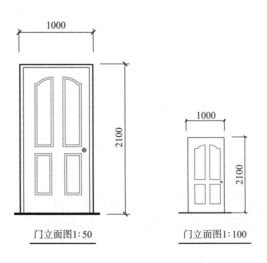

图 1-21 用不同比例绘制的门立面图

建筑工程图中绘制图样所用比例，应根据图样的用途与被绘图样的复杂程度从表 1-7 中选用，并应优先选用表中的常用比例。

平面图 1:100 1:20

图 1-22 比例的注写

绘图所用比例　　　　　表 1-7

常用比例	1:1	1:2	1:5	1:10	1:20	1:50
	1:100	1:150	1:200	1:500	1:1000	
	1:2000	1:5000	1:10000	1:20000		
	1:50000	1:100000	1:200000			
可用比例	1:3	1:4	1:6	1:15	1:25	1:30
	1:40	1:60	1:80	1:250	1:300	
	1:400	1:600				

为使画图快捷准确，可利用比例尺确定图线长度，如图 1-23 所示。

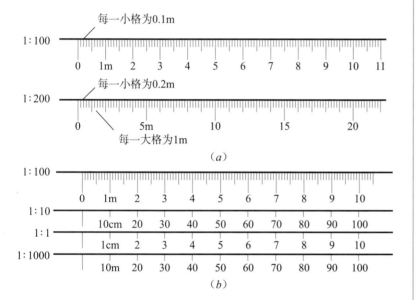

图 1-23 比例尺的应用
(a) 比例尺的识读；
(b) 比例尺的换算

1.2.6 尺寸标注

图纸上的图形只能表达物体的形状，不能表示形体的大小和位置关系，形体的大小和位置是通过尺寸标注来表示的。图中的尺寸数值，表明物体的真实大小，与绘图时所用的比例无关。尺寸是施工建造的重要依据，应注写完整准确，清晰整齐。

1. 尺寸的组成

图样上的尺寸由尺寸线、尺寸界线、尺寸起止符号和尺寸数字四部分组成，如图 1-24 所示。

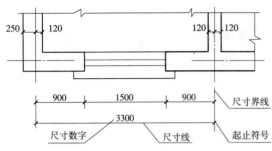

图1-24 尺寸的组成

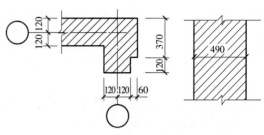

图1-25 尺寸界线的画法

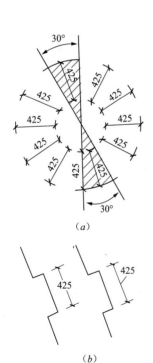

图1-26 尺寸数字的注写方向

(1) 尺寸线

尺寸线应与所标注的尺寸线段平行,与尺寸界线垂直相交,尺寸界线的一端距图形轮廓线不小于2mm,另一端宜超出尺寸线2～3mm。尺寸线与图样轮廓线之间的距离一般以不小于10mm为宜。若尺寸线分几层排列时,应从图形轮廓线向外标注,先标较小的尺寸,后标较大的尺寸,尺寸线的间距要一致,约7～10mm为宜（图1-24）。

(2) 尺寸界线

尺寸界线要用细实线从线段的两端垂直地引出,尺寸宜标注在图样轮廓线以外,不宜与图线、文字及符号等相交,尺寸界线有时可用图形轮廓线代替,但要注意在尺寸数字处的图例线应断开,以避免尺寸数字与图例线相混淆,如图1-25所示。

(3) 尺寸起止符号

尺寸起止符号(45°短划)要用中粗短实线绘制,长约2～3mm,倾斜方向应与尺寸界线顺时针方向成45°角（图1-25）。

(4) 尺寸数字

尺寸数字一律用阿拉伯数字书写,应尽量注写在尺寸线上方的中部,水平方向的尺寸,尺寸数字要写在尺寸线的上面,字头朝上;竖直方向的尺寸,尺寸数字要写在尺寸线的左侧,字头朝左（图1-26）;倾斜方向的尺寸,尺寸数字的方向应按图1-26的规定书写,尺寸数字在图中所示30°阴影线范围内时可按图1-26（b）的形式书写。

尺寸数字如果没有足够的注写位置时,最外边的尺寸可以注写在尺寸界线的外侧,中间相邻的尺寸数字可以错开注写,也可引出注写如图1-27所示。

2. 直径、半径和球体的尺寸标注

(1) 直径尺寸

标注圆（或者大于半圆的圆弧）要标注直径。直径的尺寸线是

图 1-27 小尺寸数字的注写位置

通过圆心的倾斜的细实线（圆的中心线不可作为尺寸线），尺寸界线即为圆弧，两端的起止符号规定用箭头（箭头的尖端要指向圆弧），尺寸数字一般注写在圆内并且在数字前面加注直径代号"ϕ"。较小圆的尺寸可标注在圆外，如图 1-28 所示。

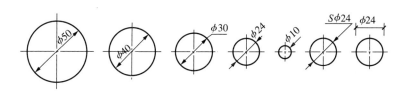

图 1-28 圆直径的尺寸标注

(2) 半径尺寸

半圆或小于半圆的圆弧，一般标注半径尺寸，尺寸线的一端从圆心开始，另一端用箭头指向圆弧，在半径数字前加注半径代号"R"，较小圆弧的半径数字可引出标注；较大圆弧的半径，可画成折断线，如图 1-29 所示。

 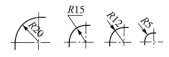 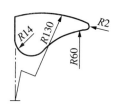

图 1-29 圆半径的尺寸标注

(3) 球体的尺寸标注应在其直径和半径前加注字母"$S\phi$"或"SR"，注写方法与圆弧半径和圆直径的尺寸标注方法相同，如图 1-30 所示。

3. 弧长、弦长的尺寸标注

(1) 弧长尺寸

标注圆弧的弧长时，尺寸界线垂直于该圆弧的弦，尺寸线在该圆弧的同心圆上，起止符号为箭头，弧长数字的上方要加注圆弧符号"⌒"，如图 1-31 所示。

(2) 弦长尺寸

标注圆弧的弦长时，尺寸界线垂直于该弦直线，尺寸线平行于

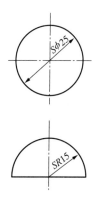

图 1-30 球体的尺寸标注

该弦直线，起止符号为 45° 中粗斜短画线（标注方法同线段尺寸完全一样），如图 1-32 所示。

4. 角度、坡度的尺寸标注

（1）角度尺寸

标注角度时，尺寸界线就是角的两个边，尺寸线是以该角的顶点为圆心的圆弧，起止符号为箭头，角度数字要水平方向标注，如图 1-33 所示。

（2）坡度尺寸

在生活中我们会看到建筑物的某些部位会有坡度，如建筑物入口处的坡道（图 1-34），就需要在图纸上标出坡度。标注坡度时，在坡度数字下加上坡度符号。坡度符号为指向下坡的半边箭头（或称单线箭头），如图 1-35 所示。

5. 尺寸的简化标注

（1）单线图尺寸

杆件或管线的长度，在单线图上（桁架简图、钢筋简图、管线简图等），如正在吊装的三角形屋架（图 1-36），可直接将尺寸数字沿杆件或管线的一侧注写，如图 1-37 所示。

图 1-31　弧长的标注

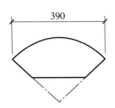

图 1-32　弦长的标注

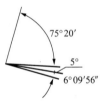

图 1-33　角度的标注

图 1-34　建筑物入口处的坡道

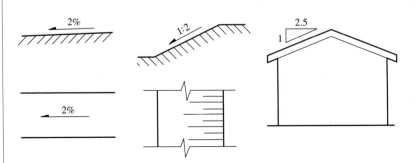

图 1-35　坡度的标注

图1-36 三角形屋架

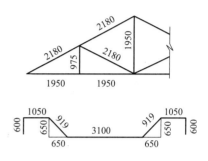

图1-37 单线图尺寸标注

(2) 连排等长尺寸

连续排列的等长尺寸，可用"个数×等长尺寸=总长"的形式标注，如图1-38所示。

(3) 相同要素尺寸

构配件内的构造要素（如孔、槽等）若相同，也可用"个数×相同要素尺寸"的形式标注，如图1-39所示。

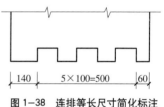

图1-38 连排等长尺寸简化标注

(4) 对称构（配）件尺寸

对称构（配）件采用对称省略画法时，该对称构（配）件的尺寸线应略超过对称符号，仅在尺寸线的一端画尺寸起止符号，尺寸数字应按整体全尺寸注写，注写位置应与对称符号对齐，如图1-40所示。

(5) 相似构件尺寸

两个构（配）件，如仅个别尺寸数字不同，可在同一图样中，将其中一个构（配）件的不同尺寸数字注写在括号内，该构（配）件的名称也注写在名称的括号内，如图1-41所示。

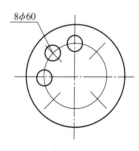

图1-39 相同要素尺寸标注

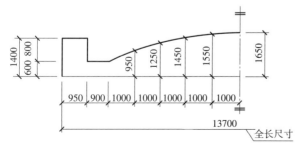

图1-40 对称构件的尺寸标注

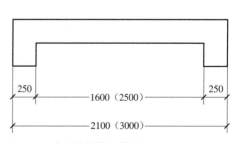

图1-41 相似构件的尺寸标注

1.3 几何作图

利用几何工具进行几何作图，这是绘制各种平面图形的基础，也是绘制工程图样的基础。下面介绍一些常用的几何作图的方法。

1.3.1 直线的平行线和垂直线的画法

利用一幅三角板画任意直线的平行线和垂直线，如图1-42所示。

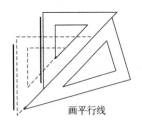

画平行线

画垂直线

图1-42 画任意直线的平行线和垂直线

1.3.2 线段的等分

1．等分线段

（1）二等分线段

线段的二等分可用平面几何中作垂直平分线的方法来画，其作图方法和步骤如图1-43所示。

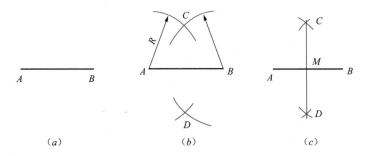

图1-43 二等分线段

作法：(a) 已知线段 A、B；(b) 分别以 A、B 为圆心，大于 $\frac{1}{2}AB$ 的长度 R 为半径作弧，两弧交于 C、D；(c) 连接 CD 交 AB 于 M，M 即为 AB 的中点。

（2）任意等分线段（以五等分为例）

将已知线段 AB 五等分，可用作平行线法求得各等分点，其作图方法和步骤如图1-44所示。

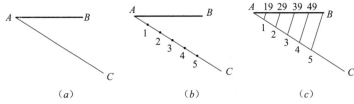

图1-44 五等分线段

作法：(a) 自 A 点任意引一直线 AC；(b) 在 AC 上截取任意等分长度的五个等分点 1、2、3、4、5；(c) 连接 5B，分别过 1、2、3、4 作 5B 的平行线，即得到各分点 19、29、39、49。

1.3.3 正多边形画法

1．正三角形画法

用圆规三等分圆周并作圆内接正三角形，作图方法和步骤如图1-45所示。

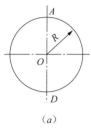 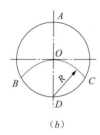 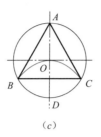

(a)　　　　　　　　(b)　　　　　　　　(c)

图1-45　用圆规三等分圆周并作圆内接正三角形

作法：(a) 已知的圆及圆上两点A、D；(b) 以D为圆心，R为半径作弧得B、C两点。(c) 连接AB、AC、BC，即得圆内接正三角形ABC。

用丁字尺和三角板三等分圆周并作圆内接正三角形，作图方法和步骤如图1-46所示。

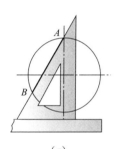 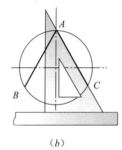 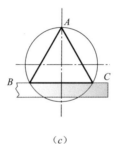

(a)　　　　　　　　(b)　　　　　　　　(c)

图1-46　用丁字尺和三角板作圆内接正三角形

作法：(a) 将60°三角板的短直角边紧靠丁字尺工作边，沿斜边过点A作直线AB；(b) 翻转三角板，沿斜边过点A作直线AC；(c) 用丁字尺连接BC，即得圆内接正三角形ABC。

2．正五边形的画法

已知圆的半径R，作圆内接正五边形的方法和步骤如图1-47所示。

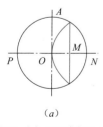 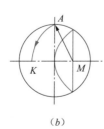 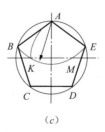

(a)　　　　　　　　(b)　　　　　　　　(c)

图1-47　五等分圆周并作圆内接正五边形

作法：(a) 已知半径为R的圆及圆上的点P、N，作ON的中点M；(b) 以M为圆心，MA为半径作弧交OP于K，AK即圆内接正五边形的边长；(c) 以AK为边长，自A点起，五等分圆周得B、C、D、E点，连接AB、BC、CD、DE、EA，即得圆内接正五边形ABCDE。

3．正六边形的画法

用圆规六等分圆周并作圆内接正六边形，作图方法和步骤如图 1-48 所示。

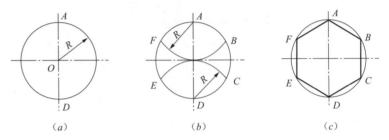

图 1-48　用圆规六等分圆周并作圆内接正六边形

作法：(a) 已知半径为 R 的圆及圆上的点 A、D；(b) 分别以 A、D 为圆心，R 为半径作弧得 B、C、E、F 各点；(c) 依次连接 AB、BC、CD、DE、EF、FA，即得圆内接正六边形 ABCDEF。

用丁字尺和三角板六等分圆周并作圆内接正六边形，作图方法和步骤如图 1-49 所示。

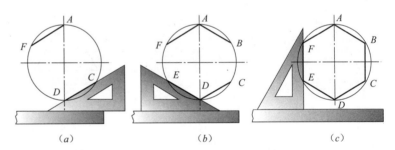

图 1-49　用丁字尺和三角板六等分圆周并作圆内接正六形边

作法：(a) 以 60°三角板的长直角边紧靠丁字尺，沿斜边分别过 A、D 两点，作直线 AF、DC；(b) 翻转三角板，沿斜边分别过 A、D 两点，作直线 AB、DE；(c) 用三角板的直角边连接 FE、BC，即得圆内接正六边形 ABCDEF。

1.3.4　徒手作图的意义及技巧

徒手作图就是不用绘图仪器和工具而用目估比例徒手画出的图样。在参观记录、技术交流以及在某些绘图条件不好的情况下进行方案设计等，常常要采用徒手作图。所以，徒手作图是一项重要的绘图基本技能，每个工程技术人员都必须掌握。

徒手画出的图叫草图，但并非潦草的图，同样要求做到投影正确，线型分明，比例匀称；字体工整；图面整洁。

徒手作图所用铅笔比仪器画图所用铅笔相应的应软一号，常选用 HB 或 B、2B 铅笔。徒手画图常用方格纸，这有利于控制图线的平直和图形的大小。

徒手画直线的姿势可参看图 1-50，握笔不得过紧，运笔力求自然，铅笔向运动方向倾斜，小手指微触纸面，并随时注意线段的终点。画较长线时，可依此法分段画出，画水平线自左向右连续画出，如图 1-50（a）所示。画垂直线时，则应由上而下连续画出，如图 1-50（b）所示。

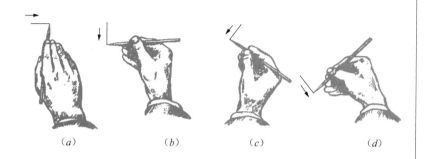

图 1-50　徒手画直线
(a) 画水平线；(b) 画垂直线；
(c) 向左画斜线；(d) 向右画斜线

画与水平方向成 30°、45°、60° 的斜线，可按图 1-51 用直角边的近似比例关系定出斜线的两端点，再按徒手画直线的方法连接两端点而成。

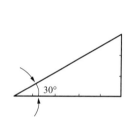 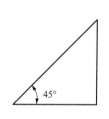 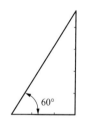

图 1-51　徒手画斜线

徒手画圆，应先画中心线，再根据直径大小目测，较小的圆线在中心线上定出四点，徒手连接，便可画出（图 1-52）。对较大的圆，除中心线外，过圆心画几条不同方向的直线，按直径目测定出一些点后，再连线而成（图 1-53）。

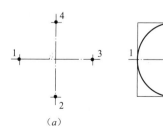

图 1-52　徒手画小圆的方法

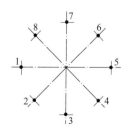

图 1-53　徒手画大圆的方法

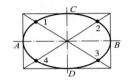

图1-54 徒手画椭圆

画椭圆如图1-54所示：先按椭圆的长、短轴作出外切椭圆长、短轴顶点的矩形，然后连对角线，从椭圆的中心出发，在四段半对角线上按目测7∶3的比例作出诸分点1、2、3、4；最后把这四个点和长、短轴的端点顺序连接，即为椭圆。

单元小结

- 常用制图工具和仪器，主要包括丁字尺、三角板、铅笔与绘图墨水笔、圆规与分规、图板、比例尺、计算机的使用及注意事项。
- 建筑制图标准，主要包括国家建筑制图规范规定的图纸幅面、标题栏与会签栏、字体、图线、比例、尺寸标注的要求等。
- 几何作图，包括直线的平行线和垂直线的画法、任意等分线段、作正多边形。
- 徒手作图，能够徒手绘制一些基本形体的图样。

练习与训练

1. 学生准备工具和仪器，按要求削好铅笔，准备一张A3幅面的图纸，绘制图框和标题栏，进行各种图线的练习。
2. 利用圆规和三角板绘制直径30mm的圆内接正五边形和正六边形各一个。
3. 徒手绘制几个简单形体（棱柱体）的三面投影。

单元 2
投影的基本知识

图2-1 地面上的人影

图2-2 中国传统皮影戏

图2-3 手影

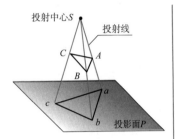
图2-4 投影图的形成

在日常生活中，我们经常看到影子这个自然现象。在光线（阳光或灯光）的照射下，物体就会在地面或墙面上投下影子（图2-1）。还有,我国传统的皮影戏（图2-2）和孩子们非常喜欢的手影（图2-3）。这些影子在某种程度上能够显示物体的形状和大小，人们把这种自然现象中的影子，进行科学的抽象：假设光线能够透过物体而将物体上的点和线都在平面 P 上投落下它们的影子，这些点和线的影子将组成一个能够反映出物体形状的图形，如图2-4所示，这个图形通常称为物体的投影。

- 用什么方法可以把建筑物体的形状、大小反映到图纸上呢？
- 产生投影的基本元素是什么？正投影有哪些基本规律和特性？
- 什么叫三面正投影图？怎样绘制三面正投影图？

本单元中我们将一一解答这些问题。

2.1 投影的形成与分类

通过学习，了解投影的形成及三要素以及投影法的分类。掌握点、线、面的正投影规律和投影特性。

2.1.1 投影的形成

要产生投影必须具备三个条件，如图2-4所示，S 为投影中心，即光源或光线，投影所在平面 P 为投影面，ABC 代表空间几何元素或物体，这三个条件又称为投影的三要素。在这样的条件下，通过空间点 A、B、C 的投射线（SA、SB、SC 连线）与投影面 P 的交点 abc，即为 ABC 的投影。这种对物体进行投影在投影面上产生图像的方法称为投影法，用投影法画出的物体图形称为投影图，工程上常用各种投影法来绘制图样。

2.1.2 投影法的分类

1. 投影法的分类

根据投射方式的不同情况，投影法一般分为两类：中心投影法和平行投影法。

(1) 中心投影法

中心投影是指由一点发射的投射线所产生的投影，如图 2-5（a）所示。

(2) 平行投影法

平行投影是指由相互平行的投射线所产生的投影。根据投影线与投影面的夹角不同，平行投影又分为以下两种，如图 2-5（b）、（c）所示。

1) 正投影：平行投射线垂直于投影面的投影 2-5（b）所示；
2) 斜投影：平行投射线倾斜于投影面的投影 2-5（c）所示。

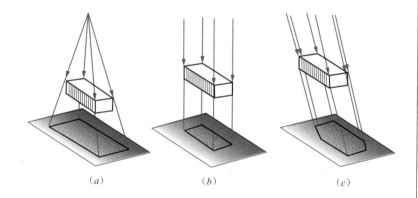

(a)　　　　　(b)　　　　　(c)

图 2-5　投影的分类
(a) 中心投影；(b) 正投影；
(c) 斜投影

2.1.3 点、线、面正投影的基本规律及特性

我们知道两点可以确定一条直线，两条平行或者相交的直线可以确定一个平面，因此点、线、面是组成形体的基本元素，通过对点、线、面投影规律的学习可以帮助我们进一步地认识形体。

1. 点、线、面正投影的基本规律

(1) 点的正投影规律：点的投影仍为点

(2) 空间直线的正投影规律

1) 空间直线平行于投影面，其投影为直线，且反映实长。
2) 空间直线垂直于投影面，其投影积聚为一点。
3) 空间直线倾斜于投影面，其投影为直线，但长度变短。
4) 空间直线上的一点，其点的投影必在该直线的投影线上。
5) 一点分空间直线为两段，两线段投影长度之比等于空间两线段长度之比。

(3) 空间平面的正投影规律

1) 空间平面平行于投影面，其投影仍然是平面，且反映平面的实形。

2) 空间平面垂直于投影面，其投影积聚为一条直线。

3) 空间平面倾斜于投影面，其投影仍是平面，但面积变小。

2. 点、线、面正投影的基本特性

(1) 同素性

点的正投影仍然是点，直线的正投影一般仍为直线（特殊情况例外），平面的正投影一般仍为原空间几何形状的平面（特殊情况例外），这种性质称为正投影的同素性，如图 2-6 所示。

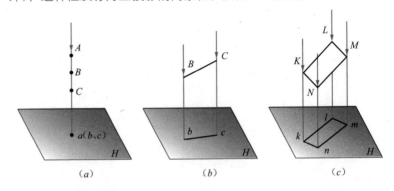

图 2-6 同素性
(a) 点的投影；(b) 直线的投影；
(c) 平面的投影

(2) 从属性

点在直线上，点的正投影一定在该直线的正投影上。点、直线在平面上，点和直线的正投影一定在该平面的正投影上，这种性质称为正投影的从属性，如图 2-7 所示。

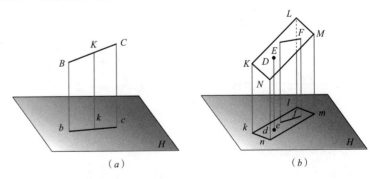

图 2-7 从属性
(a) 点从属于直线；
(b) 点和直线从属于面

(3) 定比性

线段上的点将该线段分成的比例，等于点的正投影分线段的正投影所成的比例，这种性质称为正投影的定比性。点 K 将线段 BC 分成的比例，等于点 K 的投影 k 将线段 BC 的投影 bc 分成的比例，即 $BK:KC=bk:kc$，如图 2-7 (a) 所示。

(4) 平行性

两直线平行，它们的正投影也平行，且空间线段的长度之比等于它们正投影的长度之比，这种性质称为正投影的平行性，如图 2-8 所示。

(5) 全等性

当线段或平面平行于投影面时，其线段的投影长度反映线段的实长；平面的投影与原平面图形全等。这种性质称为正投影的全等性，如图 2-9 所示。

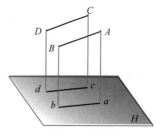

图 2-8　平行性

(6) 积聚性

当直线或平面垂直于投影面时，其直线的正投影积聚为一个点；平面的正投影积聚为一条直线。这种性质称为正投影的积聚性，如图 2-10 所示。

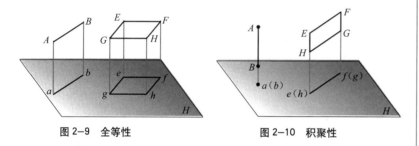

图 2-9　全等性　　　　　图 2-10　积聚性

2.2　三面正投影图

通过学习，了解三面投影体系的建立，掌握三面正投影图的特性，知道如何绘制简单形体的三面投影图。

2.2.1　三面正投影图的形成

工程上绘制图样的主要方法是正投影法。因为这种方法画图简单，画的投影图具有形状真实、度量方便等优点，能够满足工程的要求。

1. 三投影面体系的建立

(1) 形体的单面投影

如图 2-11 中空间两个不同形状的物体，在投影面 H 上具有相同的正投影图。如果只根据这一个投影图无法确定物体的形状。因此，单面正投影图是不能唯一地确定物体形状的。

为了确定物体的形状必须画出物体的多面正投影图——通常是三面正投影图。

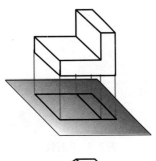

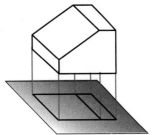

图 2-11 形体的单面投影

(2) 三投影面体系的建立

如图 2-12 所示，给出三个投影面 H 面、V 面、W 面。其中 H 面是水平位置的平面，叫水平投影面；V 面是与水平投影面垂直相交呈正立位置的平面，叫正立投影面；W 面是位于右侧与 H 面、V 面垂直相交的平面，叫侧立投影面。三个投影面的交线称为投影轴，其中 H 面与 V 面的交线称为 OX 轴、H 面与 W 面的交线称为 OY 轴、V 面与 W 面的交线称为 OZ 轴。三个投影轴相互垂直，它们的交点 O 称为原点。

2. 三面正投影图的形成

如图 2-12 所示，将物体置于一个三面投影体系当中（尽可能地使物体表面平行于投影面或垂直于投影面，物体与投影面的距离不影响物体的投影，不必考虑），并且分别向三个投影面进行正投影。在 H 面上得到的正投影图叫水平投影图，在 V 面上得到的正投影图叫正面投影图，在 W 面上得到的正投影图叫侧面投影图。

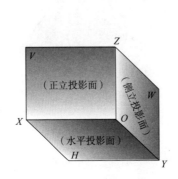

图 2-12 三投影面的建立

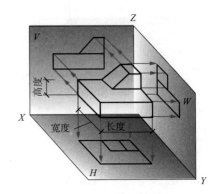

图 2-13 三投影图的形成

2.2.2 三面正投影图的展开

三个投影图分别位于三个投影面上，画图非常不便。实际上，这三个投影图经常要画在同一张纸上（即一个平面上）。为此可以让 V 面不动，让 H 面绕 X 轴向下旋转 90°，让 W 面绕 OZ 轴向右旋转 90°（图 2-14），这样，就得到了位于同一平面上（张开后的 H 面、V 面、W 面上）的三个正投影图，也就是物体的三面正投影图（图 2-14）。

2.2.3 三面正投影图的特性

我们生活中的物体都有长、宽、高三个方向的尺度。为了作投影图时的方便，就对形体的长度、宽度和高度的方向作了规定。

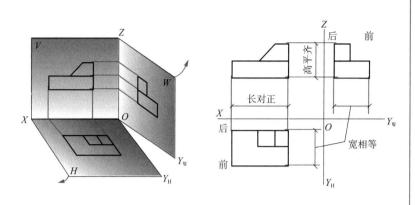

图 2-14 投影图的展开

当形体的正面确定之后,其左右方向的尺寸成为长度;前后方向的尺寸称为宽度;上下之间的尺寸称为高度(图 2-15)。

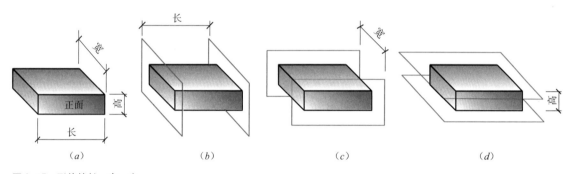

图 2-15 形体的长、宽、高

三面正投影图的特性

由于作形体投影图时形体的位置不变,展开后,同时反映形体长度的水平投影和正面投影左右对齐——长对正,同时反映形体高度的正面图和侧面图上下对齐——高平齐,同时反映形体宽度的水平投影和侧面投影前后对齐——宽相等,如图 2-16 所示。

"长对正、高平齐、宽相等"是形体三面投影图的特性。

2.2.4 三面正投影图的作图

作形体投影图时,先画投影轴(互相垂直的两条线),水平投影面在下方,正立投影面在水平投影面的正上方,侧立投影面在正立投影面的正右方,如图 2-17 所示。

1) 量取形体的长度和宽度,在水平投影面上作水平投影;
2) 量取形体的长度和高度,根据长对正的关系作正面投影;
3) 量取形体的宽度和高度,根据高平齐和宽相等的关系作侧面投影。

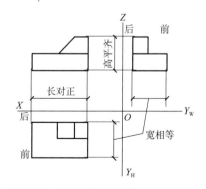

图 2-16 三面投影图的特性

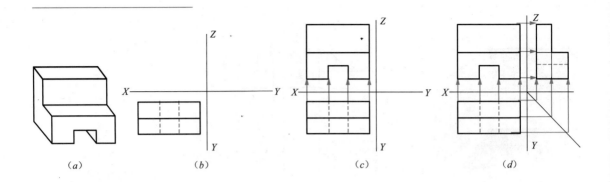

图 2-17　作形体的三面投影
(a) 立体图；
(b) 作水平投影；
(c) 作正面投影；
(d) 作侧面投影并加深

 单元小结

● 投影法分为中心投影法和平行投影法。平行投影法包括正投影和斜投影，点、线、面正投影图的规律和特性（同素性、从属性、定比性、平行性、全等性、积聚性）。

● 三个互相垂直的投影面为：正立投影面，即 V 面；水平投影面，即 H 面；侧立投影面，即 W 面。三条互相垂直的投影轴为 OX、OY 及 OZ 轴，三轴相交于原点 O。"长对正、高平齐、宽相等"是三面投影图的重要特性，即形体的立面投影图与平面投影图长度相等，侧面投影图与立面投影图的高度相等，平面投影图与侧面投影图的宽度相等。

 练习与训练

1. 学生自己收集一些方形、矩形纸盒，选择合适的放置位置，确定纸盒的长、宽、高尺寸，并用三角板量取尺寸，绘制三面投影图。

2. 学生收集一些生活中的简单形体，如：棱柱体（饼干盒）、圆柱体（饮料罐），还可以选择简单的家具，如书柜、衣柜等绘制其三面投影图。

单元 3
点、直线、平面的投影

建筑是由若干体量不同的形体组成的,而这些形体又是由不同的平面(曲面)围合而成的,点和直线是构成平面的基本元素,至于"两点成一线"更是我们耳熟能详的。要想看懂建筑工程图,就要掌握构成图面信息的基本元素;绘图也是从图面的基本元素入手的。点、直线、平面正是构成图面信息的基本元素。

本单元中,我们将循序渐进地学习点、直线、平面的投影知识,通过学习解决以下问题:

- 点的三面投影的规律是什么?
- 空间直线与投影面的关系有哪些?
- 空间平面与投影面的关系有哪些?
- 直线与直线、直线与平面、平面与平面的位置关系有哪些?

3.1 点的投影

通过学习,掌握点的投影规律和点的表示方法,会判断两点的相对位置,具有识读、绘制点的投影能力。

3.1.1 点的三面投影

点是最基本的几何元素,如图 3-1 (a) 所示,将空间点 A 置于三面投影体系中,过点 A 分别向 H 面、V 面和 W 面分别作投影线,与投影面的交点分别为 a、a'、a"。这就是点 A 的三面投影图,a、a'、a" 分别称为点 A 的水平投影、正面投影和侧面投影。

投影规则规定:空间点用大写的英文字母表示,投影用相应的小写字母表示,并用加注上角标的方法区分不同投影面上的投影。其中 H 面投影不加撇,V 面投影右上角加一撇,W 面投影右上角加两撇。如图 3-1 (a) 所示点 A 的三面投影分别为 a、a'、a"。

3.1.2 点的投影规律

按照单元 2 所讲的方法将投影面展开,如图 3-1 (b) 所示,可将点在三面投影体系中的投影规律概括如下:

1. 点 A 的水平投影 a 和正面投影 a' 的连线垂直于 OX 轴,即 $aa' \perp OX$。

2. 点 A 的正面投影 a' 和侧面投影 a" 的连线垂直于 OZ 轴,即 $a'a'' \perp OZ$。

3. 点 A 的水平投影 a 到 OX 轴的距离 aa_x 等于侧面投影 a" 到 OZ 轴的距离 $a''a_z$,即 $aa_x = a''a_z$。

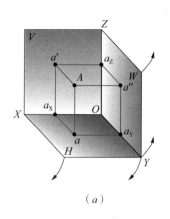
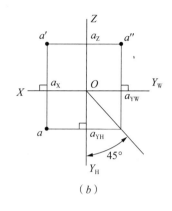

（a） （b）

图 3-1 点的三面投影

这三条就是单元 2 中讲到的"长对正、高平齐、宽相等"的形体三面投影图的特性。

◆【例 3-1】已知点 A 的正面投影 a' 和侧面投影 a''（图 3-2a），求其水平投影 a。

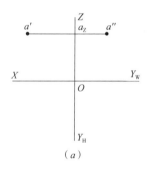
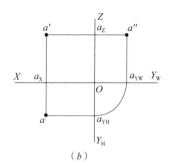

（a） （b）

图 3-2 求点的水平投影

◆【解析】

作图，如图 3-2（b）所示。

(1) 过 a' 作 a' a_x ⊥ OX；

(2) 过 a'' 作 a'' a_{YW} ⊥ OY_W；

(3) 以 O 为圆心，Oa_{YW} 为半径作圆弧，交 OY_H 于 aY_H；

(4) 过 a_{YH} 作平行 OX 轴的直线，与 a' a_x 的延长线相交，交点即为所求的水平投影 a。

3.1.3 点的坐标

空间中的任何一点都可以用坐标系中的坐标（x, y, z）来表示，如图 3-3 所示。

空间点在任一个投影面上的投影，只能反映其两个坐标：

V 面投影反映点的 X、Z 坐标；

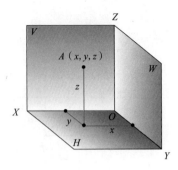 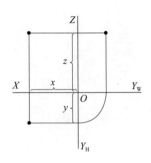

图 3-3 空间一点坐标

H 面投影反映点的 X、Y 坐标；

W 面投影反映点的 Y、Z 坐标。

空间点在三面投影体系中的位置有四种，分别为点在空间、点在投影面、点在投影轴、点在原点。结合点的坐标，可以表示为：

1. 点在空间，点为空间一般位置点。

$x \neq 0$，$y \neq 0$，$z \neq 0$

2. 点在投影面，该点所在的投影面上的投影与该点的空间位置重合，而另外两个投影位于相应的投影轴上。

$x = 0$，$y \neq 0$，$z \neq 0$ 时，点在 W 面上

$y = 0$，$x \neq 0$，$z \neq 0$ 时，点在 V 面上

$z = 0$，$y \neq 0$，$x \neq 0$ 时，点在 H 面上

3. 点在投影轴，该点的两个投影位于投影轴上，并与空间点重合，而另外一个投影与原点 O 重合。

$x = 0$，$y = 0$，$z \neq 0$，点在 z 轴上

$y = 0$，$z = 0$，$x \neq 0$，点在 x 轴上

$x = 0$，$z = 0$，$y \neq 0$，点在 y 轴上

4. 点在原点，三个投影都重合在原点 O 处。

$x = 0$，$y = 0$，$z = 0$

◆ 【例 3-2】已知点 A（30，20，40），如图 3-4（a）所示，求作其三面投影。

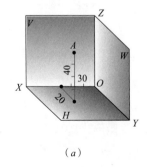 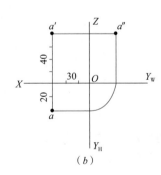

（a） （b）

图 3-4 已知点的坐标求其投影

◆【解析】

作图，如图 3-4（b）所示。

（1）根据 A 点的 X 坐标 30，Y 坐标 20，确定其 H 面投影 a；

（2）由 $aa' \perp OX$，以及 Z 坐标 40，求得其 V 面投影 a'；

（3）由已求得的两投影 a 和 a'，按投影关系求得其 W 面投影 a''。

3.1.4　两点的相对位置

空间中两点的位置关系，可以通过它们的坐标来判断。方法如下：

- X 坐标大者为左，反之为右；
- Y 坐标大者为前，反之为后；
- Z 坐标大者为上，反之为下。

◆【例 3-3】已知点 A 的三个投影，另一点 B 在点 A 上方 8mm、左方 12mm、前方 10mm，求点 B 的三面投影。

◆【解析】

作图，如图 3-5 所示。

（1）在 a' 上方 8mm、左方 12mm 处确定 b'；

（2）过 b' 作 OX 轴的垂线，在其延长线上 a 前 10mm 处确定 b；

（3）根据投影关系求得 b''。

图 3-5　已知点的相对位置求另一点

3.1.5　两点的重影点

当空间两点位于某投影面的同一条投射线上时，这两点在该投影面上的投影重合，称为对该投影面的重影点。如图 3-6 所示，点 A、B 位于对 H 面的同一条投射线上，其 H 面投影 a 和 b 重合，所以是对 H 面的重影点。点 C、D 位于对 V 面的同一条投射线上，其 V 面投影 c' 和 d' 重合，所以，是对 V 面的重影点。由于重影，所以就有可见与不可见的问题，不可见的点用括号将投影括起来。

◆【例 3-4】已知 A、B、C、D 的投影图，如图 3-7 所示，判断点 A 与 B、C 与 D、A 与 C、C 与 B 的相对位置。

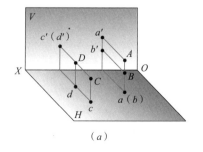

（a）

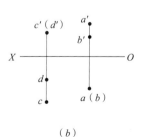

（b）

图 3-6　重影点

◆ 【解析】

根据各点在各投影面上的相应坐标大小判断如下：

（1）点 A 的 Z 坐标大于点 B，且 X 与 Y 的坐标相同，所以点 A 在点 B 的正上方；同理可知，点 C 在点 D 的正前方。

（2）点 A 的 Z 坐标大于点 C，点 A 的 X 坐标大于点 C，点 A 的 Y 坐标小于点 C，所以点 A 在点 C 的左、后、上方；同理可知，点 C 在点 B 的前、右、下方。

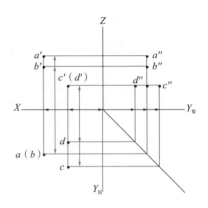

图 3-7 判断两点的相对位置

3.2 直线的投影

通过学习，掌握各种位置直线的投影特性，了解点、线的从属性，了解两直线的相对位置关系，具有绘制和识读各种直线的三面正投影的能力。

3.2.1 各种位置直线的投影及其投影特性

直线按其与投影面的相对位置分类有：一般位置直线、投影面平行线、投影面垂直线三种，其中后两种又被称为特殊位置直线。

对三个投影面均倾斜的直线称为一般位置直线；平行于某一投影面、且倾斜于另外两个投影面的直线称为投影面平行线；垂直于某一投影面、且平行于另外两个投影面的直线称为投影面垂直线。如图 3-8 所示为一四坡顶房屋简图，由图中可以看出，直线 AB 为一般位置直线，直线 GE 为投影面 H 的平行线，直线 BC 为投影面 H 的垂直线。

（想一想）图 3-8 中的其他直线分别是哪一类直线？

1. 一般位置直线

一般位置直线对三个投影面均倾斜。我们单独分析图 3-8 中的直线 AB，如图 3-9 所示。可以看出，直线 AB 倾斜于三个投影面，对三个投影面都有倾斜角，分别为 α、β、γ，属于一般位置直线。

那么，如何确定它的三面投影呢？

我们知道，两点确定一直线。求直线的投影，只

图 3-8 四坡顶房屋简图

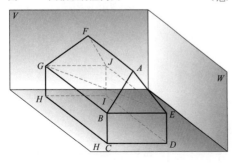

要确定直线上两个点的投影，然后将其同面投影相连，即得直线的投影。如图 3-9 所示，分别作出直线端点 A 与 B 的三面投影 a、a′、a″和 b、b′、b″，将其同面投影分别用直线相连，就得到了直线 AB 的三面投影 ab、a′b′、a″b″。

由图 3-9 还可以看出：一般位置直线在三个投影面上投影均是倾斜直线，投影长度均小于直线的实长，这是一般位置直线的投影特性。

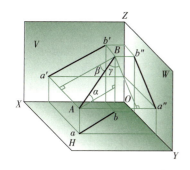
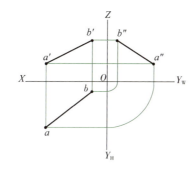

图 3-9　一般位置直线

2. 投影面平行线

投影面平行线平行于某一投影面、且倾斜于另两个投影面。根据其所平行的投影面的不同分为三种：

● 仅平行于 H 投影面，且与 V、W 两投影面倾斜的直线，称为水平线；

● 仅平行于 V 投影面，且与 H、W 两投影面倾斜的直线，称为正平线；

● 仅平行于 W 投影面，且与 H、V 两投影面倾斜的直线，称为侧平线。

我们单独分析图 3-8 中的直线 GE，如图 3-10 所示。直线 GE 仅平行于 H 投影面，且与 V、W 两投影面倾斜的直线，为水平线。水平投影 ge 反映实长和倾角 β 和 γ，另外两投影面上的投影平行于相应的投影轴，且小于实长 GE。

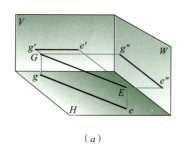

（a）

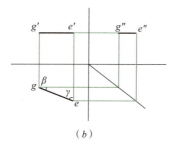

（b）

图 3-10　水平线

由图 3-10（b）中可以看出，H 面投影为斜线，V 面和 W 面投影分别平行于 X 轴和 Y 轴的直线为水平线。

以此类推，总结出投影面平行线的投影特性和判别方法，见表 3-1。

投影面平行线的投影特性　　　　表 3—1

	水平线	正平线	侧平线
立体面	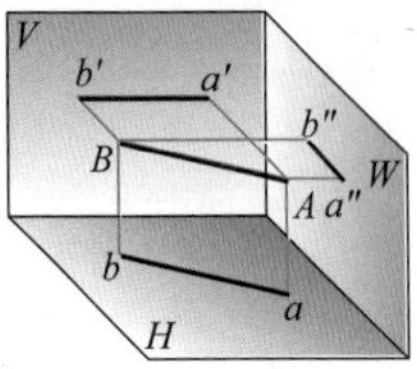	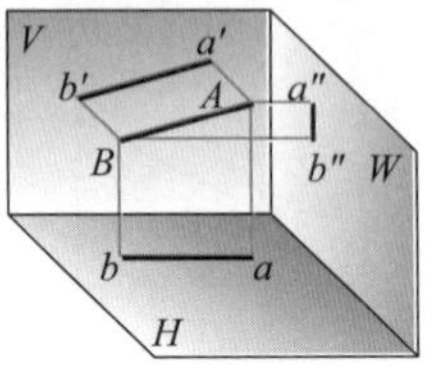	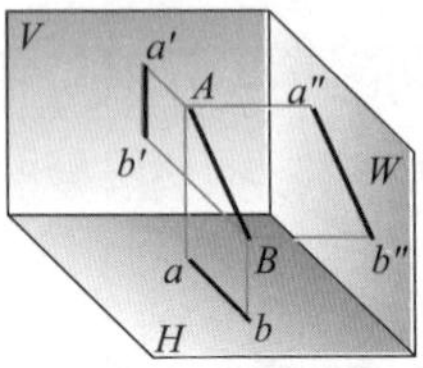
投影图	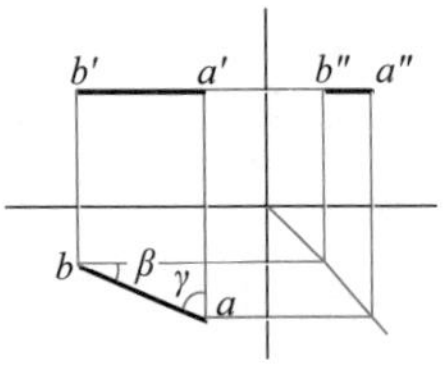	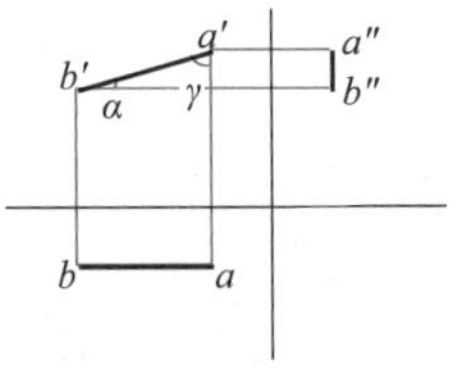	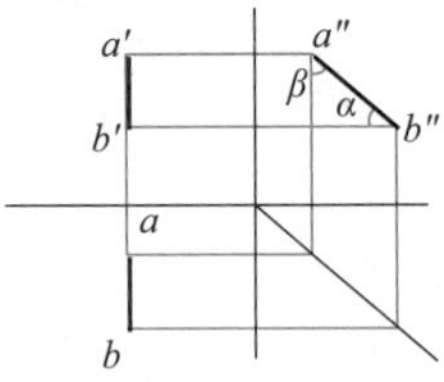
投影特性	1. 在平行的投影面上的投影反映实长，且反映与其他两个投影面真实的倾角 2. 另外两个投影面，分别平行于投影轴且长度缩短		
判别方法	一条斜线两条直线定是平行线；斜线在哪个面，平行哪个面		

3. 投影面垂直线

投影面垂直线垂直于某一投影面、且平行于另外两个投影面。根据其所垂直的投影面的不同分为三种：

● 垂直于 H 投影面，且与 V、W 两投影面平行的直线，称为铅垂线。

● 垂直于 V 投影面，且与 H、W 两投影面平行的直线，称为正垂线。

● 垂直于 W 投影面，且与 V、H 两投影面平行的直线，称为侧垂线。

我们单独分析图 3-8 中的直线 BC，如图 3-11 所示。直线 BC 垂直于 H 投影面，且与 V、W 两投影面平行，为铅垂线。水平投影 bc 积聚为一点，另外两投影面上的投影平行于投影轴，且反映实长 BC。

由图 3-11 中可以看出，H 面投影积聚为一点的直线为铅垂线。

以此类推，总结出投影面垂直线的投影特性和判别方法，见表 3-2。

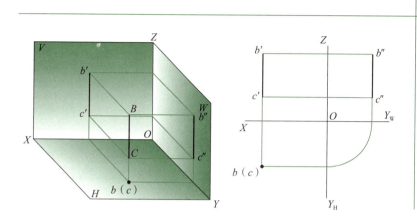

图 3-11 铅垂线

投影面垂直线的投影特性和判别方法　　　　　　　　　　表 3-2

	铅垂线	正平线	侧垂线
立体面			
投影图			
投影特性	1. 在垂直的投影面上的投影积聚为一点 2. 另外两个投影面上的投影平行于投影轴且反映实长		
判别方法	一点两直线，定是垂直线；点在哪个面，垂直哪个面		

3.2.2 直线上的点

如何确定空间一点在直线上？

点在直线上，则点的投影必然满足点与直线的从属性和等比性。依此我们来判别空间一点是否在指定的直线上。

1. 点和直线的从属关系

点在直线上，则点的各个投影必落在该直线的同面投影上。反之，点的各个投影在直线的同面投影上，则该点一定在直线上。如图 3-12 所示，点 K 在直线 AB 上，则点 K 的各个投影也必落在直线 AB 的同面投影上，且点 K 的投影符合点的投影规律。

2. 点分割线段成定比

直线上的点分割线段之比等于投影之比。如图 3-12 所示，点 K 在线段 AB 上，它把该线段分为 AK、KB 两段，则 $AK：KB = ak：kb = a'k'：k'b' = a''k''：k''b''$。

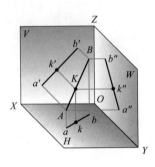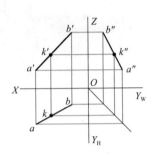

图 3-12 直线上的点

◆【例 3-5】判断图 3-13（a）中各点是否在直线 AB 上。

◆【解析】

由图 3-13（a）可知 C 点的投影落在直线 AB 的同面投影上，所以 C 点在直线 AB 上；同理可知 D 点不在直线 AB 上。

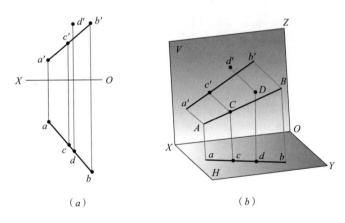

图 3-13 点对直线的从属关系
（a）投影图；（b）直观图

（a）　　　　　　　　　（b）

◆【例 3-6】已知直线 AB 的投影，求作直线上一点 C 的水平投影与正投影，使 $AC：CB = 1：2$，如图 3-14（a）所示。

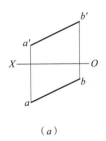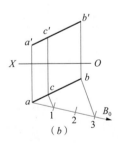

（a）　　　　　　　　　（b）

图 3-14 点分割线段成定比

◆【解析】

根据定比性，$ac:cb=a'c':c'b'=1:2$，只要将 ab 或 $a'b'$ 分成 3（1＋2）等分即可求出 c 和 c'。

作图：(1) 自 a 引辅助线 aB_0；

(2) 在 aB_0 上截取三等分；

(3) 连 3、b，过 1 作 $3b$ 的平行线，得 c 点的水平投影；

(4) 过 c 作 $cc' \perp OX$。

◆【例 3-7】已知侧平线 AB 的两投影和直线上 S 点的正面投影 S'，如图 3-15（a）所示，求其水平投影 S。

◆【解析】

方法一：补全第三投影图，然后求其上点的投影。

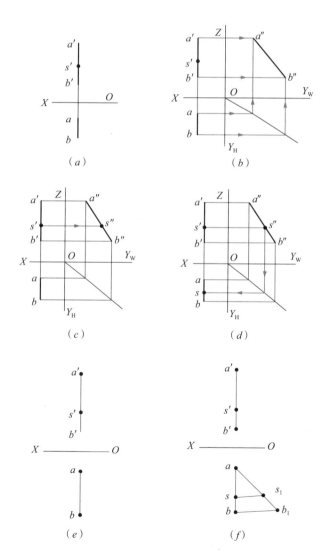

图 3-15　求侧平线上点的投影

(1) 作直线 AB 的侧投影 $a''b''$，如图 3-15（b）所示；

(2) 作出 s''，如图 3-15（c）所示；

(3) 根据 s'、s'' 作出水平投影 s，如图 3-15（d）所示。

方法二：根据等比性确定 s 的投影。

(1) 过 a 作一条射线，取 $as_1=a's'$、$s_1b_1=s'b'$，如图 3-15（e）所示。

(2) 连接 b、b_1 并过 s_1 点作 $ss_1 \parallel bb_1$，如图 3-15（f）所示。

*3.2.3 两直线的相对位置

我们观察图 3-16 中的两直线间的相对位置有几种？从图中可看出两直线的相对位置有三种：

两直线平行；如，直线 BC 与 ED 平行、直线 KJ 与 HI 平行；

两直线相交；如，直线 ED 与 CD 相交、直线 BC 与 DC 相交；

两直线交叉；如，直线 BC 与 KH 交叉、直线 CD 与 KJ 交叉。

1. 两直线平行

若空间两直线互相平行，则它们的各同面投影必平行。反之，若两直线的同面投影互相平行，则两直线在空间也必然平行，如图 3-17 所示。

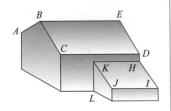

图 3-16 两直线的相对的位置

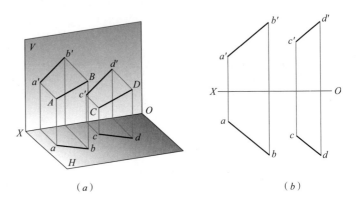

图 3-17 两直线平行
（a）空间图；（b）投影图

◆【例 3-8】判断两直线如图 3-18（a）、（d）所示两直线 AB、CD 是否平行。

◆【解析】

若要在投影图上判断两条一般位置直线是否平行，只要看它们的两个同面投影是否平行即可。由图 3-18（a）、（d）可知，两直线为侧平线。对于侧平线，则必须根据其三面投影（或其他的方法）来判别。此题需作出侧面投影，如图 3-18（b）、（e）所示，由图可以看出，图 3-18（a）所示两直线为平行线，图 3-18（d）所示两直线不平行。

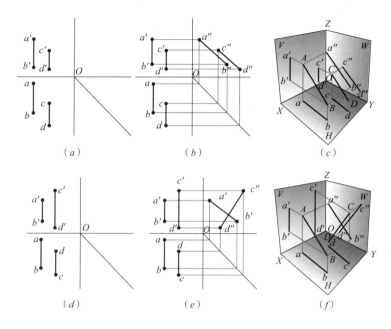

图 3-18 判断两直线是否平行

2. 两直线相交

若空间两直线相交，则它们的同面投影必相交，且交点一定符合一个点的投影规律。反之，若两直线的各同面投影相交，且交点符合一个点的投影规律，则此两直线在空间也必相交。

如图 3-19 所示，AB、CD 为空间两相交直线，其交点 E 为两直线的共有点，两直线的水平投影 ab、cd 的交点 e 是 E 点的水平面投影；两直线的正投影 $a'b'$、$c'd'$ 的交点 e' 是 E 点的正平面投影。因为 e、e' 是同一点 E 的两面投影，故 e 与 e' 的连线必与其投影轴垂直。

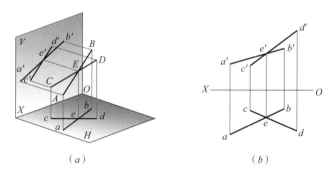

图 3-19 两直线相交（一）
(a) 直观图；(b) 投影图

◆【例 3-9】已知直线 AB、CD 相交于点 K，按图 3-20 (a) 所给条件求 AB 的正面投影 $a'b'$。

◆【解析】

交点 K 为两直线所共有点，且符合点的投影规律，据此可求得 k'；B、K、A 同属一条直线，据此可求出 b'。

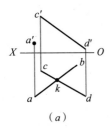

(a)

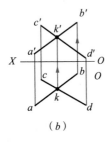

(b)

图 3-20 两直线相交（二）
(a) 已知；(b) 作图

图 3-21 两直线交叉
(a) 空间图；(b) 投影图

作图：如图 3-20 (b) 所示。

(1) 过 k 作 OX 轴的垂线，交 $c'd'$ 于 k' 点，求得 k'；
(2) 连接 $a'k'$ 并延长；
(3) 过 b 点，向上作 OX 轴的垂线，同 $a'k'$ 的延长线交于 b' 点。

3. 两直线交叉

当空间两直线既不平行也不相交时，称为交叉直线。交叉直线在空间不相交，然而其同面投影可能相交，这是由于两直线上点的同面投影重影所致，如图 3-21 所示。

交叉直线上重影点的可见性的判断：由图 3-21 (b) 可以看出，E、F 为对 W 面的重影点，正面投影 E' 在 F' 的左边，所以属于 AB 直线的 E 点 W 面投影是可见的，属于 CD 直线的 F 点 W 面投影是不可见的。

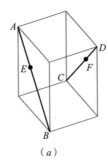

(a)

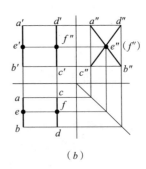

(b)

◆【例 3-10】已知两交叉直线的投影，如图 3-22 (a) 所示，判别其重影点的可见性。

◆【解析】

通过重影点作 OX 轴的垂线，如图 3-22 (b) 所示。Ⅰ、Ⅱ 为对 H 的重影点，正面投影 $1'$ 比 $2'$ 高，所以属于 CD 直线的 Ⅰ 点是可见的，属于 AB 直线的 Ⅱ 点是不可见的；Ⅲ、Ⅳ 为对 V 的重影点，因其水平投影 3 比 4 靠前，所以 Ⅲ 点可见，Ⅳ 点不可见。

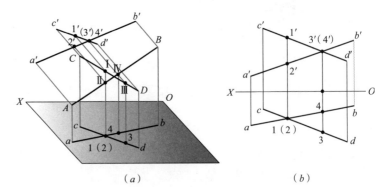

图 3-22 两直线交叉可见性的判断
(a) 空间图；(b) 投影图

3.3 平面的投影

3.3.1 平面的表示方法

平面是无限延展的,在投影图上,可用以下任意一种方法来表示平面的空间位置和形状。

1. 不在同一直线上的三点,如图 3-23(a)所示;
2. 一条直线和直线外一点,如图 3-23(b)所示;
3. 两条平行直线,如图 3-23(d)所示;
4. 两条相交直线,如图 3-23(c)所示;
5. 平面多边图形,如图 3-23(e)所示。

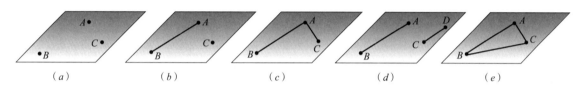

图 3-23 平面的表示方法

3.3.2 各种位置平面的投影及其投影特性

和直线类似,平面按与投影面的相对位置分类,也有一般位置平面、投影面平行面、投影面垂直面三种,其中后两种又被称为特殊位置平面。

对三个投影面均倾斜的平面称为一般位置平面;平行于某一投影面、且垂直于另外两个投影面的平面称为投影面平行面;垂直于某一投影面、且倾斜于另外两个投影面的平面称为投影面垂直面。

1. 一般位置平面

一般位置平面对三个投影面均倾斜。如图 3-24 所示,△ABC 是一般位置平面。

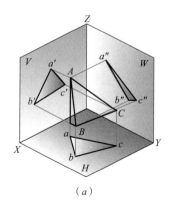
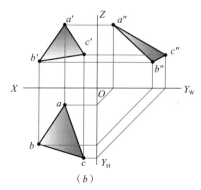

图 3-24 一般位置平面
(a) 空间图;(b) 投影图

识图方法:如果一个平面的三面投影均是平面图形,则这个平面一定是一般位置平面。

一般位置平面的投影特性:三个投影都是类似形状,但均不反映实际形状和倾角。

2. 投影面平行面

投影面的平行面平行于某一投影面,且与另外两个投影面垂直。根据其所平行的投影面的不同,投影面平行面又分为三种:

● 平面与 H 投影面平行,且与 V、W 两个投影面垂直的平面,称为水平面;

● 平面与 V 投影面平行,且与 H、W 两个投影面垂直的平面,称为正平面;

● 平面与 W 投影面平行,且与 V、H 两个投影面垂直的平面,称为侧平面。

水平面如图 3-25 所示。

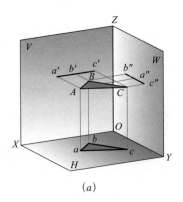
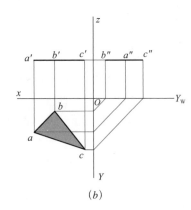

图 3-25 水平面
(a)空间图;(b)投影图

(a)　　　　　　(b)

水平面的投影特性:H 面投影反映了平面的实形,V 面和 W 面投影为直线,且平行于 OX 轴和 OY_W 轴。

判别方法:若平面的 V(W)面投影积聚为一直线,并且平行于 OX(OY_W)轴,则该平面一定为水平面。

以此类推,总结出投影面平行面的投影特性和判别方法,见表 3-3。

◆【例 3-11】如图 3-26 所示,参考形体的三面投影,分析标注字母表面的空间位置,并将字母标注到立体图上。

◆【解析】

根据平行面的投影规律可知,B 面、D 面为水平面,A 面、C 面为正平面,E 面为侧平面。依此将字母填到相应位置,如图 3-26(b)所示。

投影面平行面的投影特性和判别方法　　　　　　　　　　　表 3-3

	水平面	正平面	侧平面
立体面			
投影图			
投影特性	1. 在平行的投影面上的投影反映实形 2. 在其他投影面上积聚为一条平行于投影轴的直线		
判别方法	一面两直线，定是平行面；平面在哪里，平行哪个面		

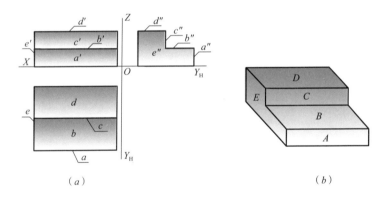

图 3-26　形体上投影面的平行面
(a) 投影图；(b) 立体图

3. 投影面垂直面

投影面垂直面与一个投影面垂直，与另外两个投影面倾斜。根据其所垂直的投影面的不同，投影面的垂直面可分为三种：

● 平面与 H 投影面垂直，与 V、W 两个投影倾斜的平面，称为铅垂面；

● 平面与 V 投影面垂直，与 H、W 两个投影倾斜的平面，称为正垂面；

● 平面与 W 投影面垂直，与 V、H 两个投影倾斜的平面，称为侧垂面。

铅垂面如图 3-27 所示。

图 3-27 铅垂面
(a) 空间图；(b) 投影图

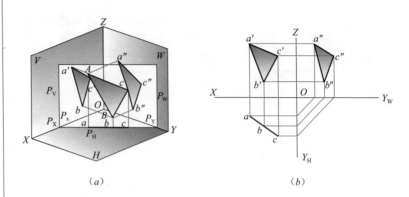

铅垂面的投影特性：H 面投影积聚成斜线，且反映两个倾角，另两个投影是平面，但不反应实形。

判别方法：平面的 H 面投影积聚为倾斜的直线时，则该平面一定为铅垂面。

以此类推，总结出投影面垂直面的投影特性和判别方法，见表 3-4。

投影面垂直面的投影特性和判别方法   表 3-4

	铅垂面	正垂面	侧垂面
立体面			
投影图			
投影特性	1. 平面积聚在其垂直的投影面上为一直线，且对两轴的夹角反映平面对两投影面夹角 2. 另外两个投影面比原实形小		
判别方法	两面一直线，定是垂直面；直线在哪个面，垂直哪个面		

3.3.3 平面上的直线和点

1. 平面上的直线

怎样确定直线在平面上呢？

直线在平面上的几何条件为：直线过该平面上的两点，或过平面上一点且平行于平面上的一条直线。

如图3-28（a）所示，相交直线 AB 与 BC 构成一平面，在 AB、BC 上各取一点 M 和 N，则过 M、N 两点的直线一定在该平面内。又如图3-28（b）所示，相交直线 AB 和 BC 构成一平面，点 L 在直线 AB 上，过点 L 作直线 LK ∥ BC，则直线 LK 一定在该平面内。

2. 平面上的点

如何确定空间一点在平面内呢？

点在平面上的几何条件为：点在该平面内的一条直线。

从图3-29（a）中可看出：点 M 在直线 AB 上，直线 AB 又在平面 ABC 上，所以点 M 在平面 ABC 上。同理，从图3-29（b）中可以看出点 D 不在平面 ABC 上。

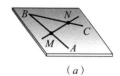

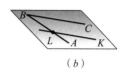

图 3-28 平面上的直线

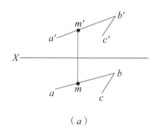 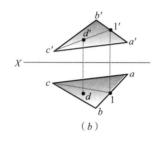

图 3-29 点在平面上的条件

◆【例3-12】如图3-30（a）所示，已知平面 ABC 上点 M 的正投影 m'，求点 M 的水平投影。

◆【解析】

方法一：如图3-30（b）所示。

(1) 连 a' m'，其延长线与 b' c' 相交于 d'；

(2) 自 d' 向下引 OX 轴的垂线，与 bc 相交于 d；

(3) 连 ad，并自 m' 向下引 OX 轴的垂线，与 ad 相交于 m，m 就是要求的水平投影点。

方法二：如图3-30（c）所示。

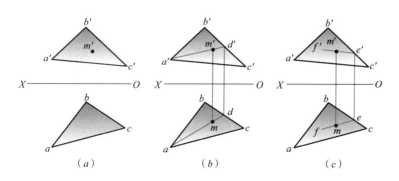

图 3-30 求点 M 的水平投影

(1) 过 m' 作 $a'c'$ 的平行线 $f'e'$，e' 是 $f'e'$ 与 $b'c'$ 的交点；

(2) 自 e' 向下引 OX 轴的垂线，与 bc 相交于 e；

(3) 作 $ef \parallel ac$；并自 m' 向下引 OX 轴的垂线，与 ef 相交于 m，m 即为所求水平投影点。

◆【例 3-13】如图 3-31（a）所示，已知平面四边形 $ABCD$ 的水平投影 $abcd$ 和两邻边 AB、BC 的正面投影 $a'b'$ 和 $b'c'$，试完成四边形的正面投影。

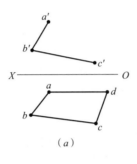
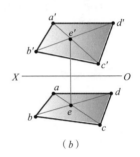

图 3-31 完成四边形的正面投影

◆【解析】

如图 3-31（b）所示。

(1) 连接 ac 和 $a'c'$；

(2) 连接 bd 与 ac 交于点 e；

(3) 过 e 向上作 OX 轴的垂线，与 $a'c'$ 相交于 e'；

(4) 连接 $b'e'$ 并做其延长线；

(5) 自 d 向上作 OX 轴的垂线，与 $b'e'$ 的延长线相交得 d' 点；

(6) 连接 $a'd'$ 和 $d'c'$，完成四边形的正面投影图。

* 3.3.4 线面相对位置

1. 直线与平面、平面与平面平行

(1) 直线与平面平行

几何条件：如果一直线与平面上的某一直线平行，则此直线与该平面互相平行。

如图 3-32 所示，AB 平行于平面 P 内直线 CD，由此可知 $AB // P$。

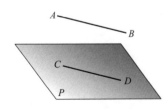

图 3-32 直线与平面平行

◆【例 3-14】如图 3-33（a）所示，过点 M 作一水平线，使其与平面 ABC 平行。

◆【解析】

由直线与平面平行的几何条件可知，如图 3-33（b）所示，在平面 ABC 内作一水平线 AD，再过点 M 作 $MN \parallel AD$，所得直线 MN 即为平行于平面 ABC 的水平线。

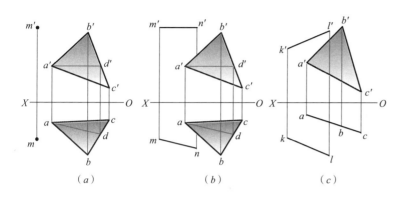

(a)　　　　　　　(b)　　　　　　　(c)

图 3-33　作直线与平面平行

作图方法：

1) 过 a' 作 $a'd' \parallel OX$，再过 d' 作 $dd' \perp OX$；

2) 过 m' 作 $m'n' \parallel a'd'$，过 m 作 $mn \parallel ad$。

注意：

当平面处于特殊位置，过点作直线与平面平行时，只要直线的一个投影与平面有积聚性的投影平行即可。如图 3-33（c）所示，因为 $kl \parallel abc$，所以直线 KL 与平面 ABC 平行。

（2）平面与平面平行

几何条件：如果一个平面内的相交两直线对应地平行于另一个平面内的相交两直线，则这两个平面互相平行。

如图 3-34 所示，P 平面内相交两直线 ABC 对应平行 Q 平面内相交两直线 $A_1B_1C_1$，所以平面 P 与平面 Q 平行。

特殊位置的两平面平行，只要两平面有积聚性的投影对应平行即可。

如图 3-35 所示，平面 P 与平面 Q 均为铅垂面，且 $P_H \parallel Q_H$，所以平面 P 与平面 Q 平行。

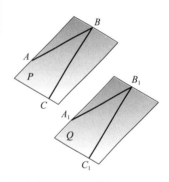

图 3-34　两平面平行

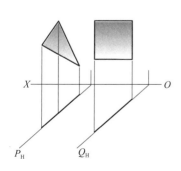 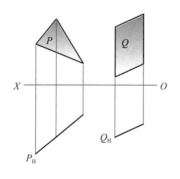

图 3-35　两平面平行的特殊情况

◆【例 3-15】如图 3-36（a）所示，已知平面 ABC 和平面 DEF 的投影，判断两平面是否平行。

图 3-36 判断两平面是否平行

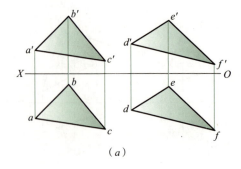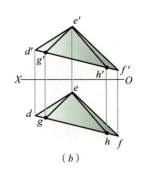

(a)　　　　　　　　　　　　(b)

◆【解析】

平面 ABC 的两边 AB 和 BC 即为该平面上的相交两直线，在另一平面 DEF 上作与 AB 和 BC 相应平行的相交两直线。如图 3-36(b) 所示，在平面 DEF 上可以作出两相交直线 EG 和 EH 与 AB 和 BC 平行，即 $eg \parallel ab$、$e'g' \parallel a'b'$ 和 $eh \parallel bc$、$e'h' \parallel b'c'$，故此两平面相互平行。

2. 直线与平面、平面与平面相交

(1) 直线与平面相交

直线与平面只能交于一点，该点是直线和平面的共有点，既在直线上又在平面内。如图 3-37 所示，AB 与平面 P 的交点 K，既是线面的共有点，又是直线段上可见与不可见部分的分界点。

图 3-37 直线与平面相交
(a) 立体图；(b) 投影图

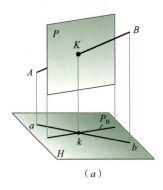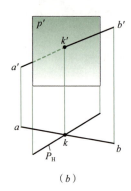

(a)　　　　　　　　　　　　(b)

◆【例 3-16】如图 3-38(a) 所示，求作直线 MN 与平面 ABC 的交点。

◆【解析】

平面 ABC 为一铅垂面，它在 H 面上的投影具有积聚性，其与直线的同名投影 mn 的交点 k，即为所求交点的 H 面投影，如图 3-38(b) 所示。

作图方法：如图 3-38(b) 所示，过 k 点作 $kk' \perp OX$，则 kk' 为所求交点的投影。

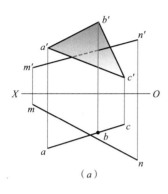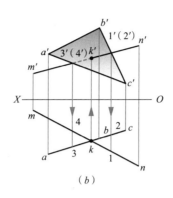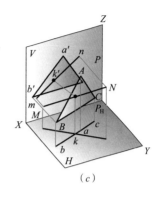

图 3-38 求直线与平面的交点

直线与平面相交，直线的某一部分可能被平面遮挡，这就需要判断其可见性。

可见性的判断方法：

1) 当平面为特殊位置时，可通过平面在有积聚性的投影面判断。如图 3-38（b）所示，平面 ABC 为一铅垂面，在 H 面上的投影积聚为一条直线，由 H 面投影可明显地看出 kn 位于 abc 之前，故 k′n′ 为可见，而 k′m′ 一侧为不可见，但露在 △a′b′c′ 之外的直线投影仍为可见。

2) 一般方法：自平面与直线的交叉点向另一个投影面作垂线判断可见性。如图 3-38（b）所示，自 b′c′ 与 m′n′ 的交点向下引垂线，先交 bc 于 2，后交 mn 于 1，即点 1 在前是可见的，故 kn 段的 V 面投影 k′n′ 为可见，而 k′m′ 一侧为不可见。

（2）平面与平面相交

交线的性质：两平面的交线是两平面的共有线，也是两平面上可见与不可见部分的分界线，如图 3-39 所示。

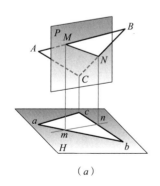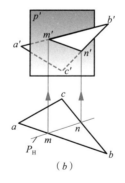

图 3-39 平面与平面相交
(a) 直观图；(b) 投影图

◆【例 3-17】如图 3-40（a）所示，求平面 ABC 与平面 P 的交线。

◆【解析】

如图 3-40（b）所示，因为 P 面是正垂面，且 V 面上的投影有

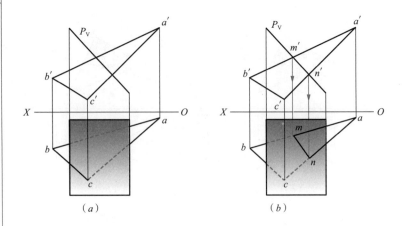

图 3-40 求两平面交线

积聚性，可知其在 V 面投影中 △$a'b'c'$ 与正垂面 P_V 的重叠部分 $m'n'$，即交线的 V 面投影，进而由 $m'n'$ 得出交线的水平投影 mn。又因为 a' 位于 $m'n'$ 之上，即 MNA 位于 P 面的上方，故 mna 为可见，而另一侧为不可见。

单元小结

1. 空间点 A 的三面正投影特性为：水平投影 a 和正面投影 a' 的连线垂直于 OX 轴，正面投影 a' 和侧面投影 a'' 的连线垂直于 OZ 轴，水平投影 a 到 OX 轴的距离 aa_x 等于侧面投影 a'' 到 OZ 轴的距离 $a''a_z$。

2. 求直线的投影，只要确定直线上两个点的投影，然后将其同面投影连接，即得直线的投影。

- 一般位置直线的投影特性：直线的各个投影均与投影轴倾斜且投影长度均小于直线的实长。
- 投影面平行线的投影特性：在其所平行的投影面上的投影反映线段实长，且其投影与投影轴的夹角反映直线与另外两个投影面的真实倾角；在另外两个投影面上的投影是平行于相应的投影轴。
- 投影面垂直线的投影特性：在其所垂直的投影面上的投影积聚为一点；在另外两个投影面上的投影，垂直于相应的投影轴，且反映线段的实长。
- 点在直线上，则点的投影必然满足点与直线的从属性和等比性。
- 点在直线上，则点的各个投影必落在该直线的同面投影上。反之，点的各个投影在直线的同面投影上，则该点一定在直线上。

3. 两直线在空间的相对位置有：平行、相交、交叉三种。
- 若空间两直线互相平行，则它们的各同面投影必平行。反之，若两直线的各同面投影互相平行，则此两直线在空间也必平行。
- 若空间两直线相交，则它们的各同面投影必相交，且交点一定符合一个点的投影规律。
- 当空间两直线既不平行也不相交时，称为交叉直线。

4. 根据平面相对于投影面的位置不同，可将平面的投影分为一般位置平面、投影面平行面和投影面垂直面三类。
- 一般位置平面的投影特性：三个投影都是类似形，都不反映实形和倾角。
- 投影面的平行面的投影特性：一个投影是实形，另外两个投影是直线，且平行于相应的投影轴。
- 投影面的垂直面的投影特性：一个投影积聚成斜线，且反映两个倾角，另外两个投影是类似形。

5. 平面内的直线，直线属于平面的几何条件为：直线过该平面内的两点，或过该平面内一点且平行于该面内的一条直线。

6. 点属于平面的几何条件为：点属于该平面内的一条直线。

7. 线与面相对位置，分为直线与平面、平面与平面相交及直线与平面、平面与平面平行四种。

练习与训练

1. 将教室的一个墙角与地面看做三投影面体系，把一个圆球当作一个点，将其放在不同的位置上，如空中、地面上、墙角线上、墙面上，分别画出球的三面投影，总结投影规律找出它们之间的不同点。

2. 给学生提供空间两个点的坐标，让学生画出其三面投影，分别说出点与投影面的距离，指出两点的上、下、左、右、前、后的位置关系。

3. 让学生自己动手用硬纸板做一个三面投影体系，将铅笔当作一条直线放在三面投影体系中，摆出三种不同位置的直线，分别画出三面投影，分析三面投影的不同点；再用两只铅笔分别摆出平行、交叉、相交三种位置关系，分别画出三面投影，找出其投影规律。

4. 给学生提供各种位置直线的两面投影图，学生动手补出第三投影；提供两直线的相对位置的投影，判断其关系，若相交求出其交点的投影，若交叉判断重影点。

5. 将一本书看做一个平面，将其摆放在与三面投影体系不同位置上，分别画出其三面投影，并说出投影特点。

6. 学生用硬纸板做一个三角板，将铅笔作为一条直线，摆出直线与三角板的三种不同的位置关系，画出其三面投影，并说出其三面投影的特点。

7. 给学生提供各种位置平面两面投影，学生动手补出第三投影；提供两平面的相对位置的投影，判断其关系，若相交求出其交线，并判断平面的可见性。

8. 用硬纸板做出一个三角板、一个四边形，分别作出两平面平行、相交、交叉的位置关系，画出三面投影并说出其三面投影的特点。

单元 4
基本形体的投影

生活中我们常说，西瓜是圆形的、盒子是长方形的……，这些都是简单的形体。

房屋建筑的形状是复杂多样的，但通常都把它看成是由几个简单的形体组合而成的。这些简单的形体被叫做基本形体。

如图4-1（a）所示是一栋坡顶房屋，我们可以把它看成是由一个长方体和一个三棱柱组合而成；又如图4-1（b）所示是一座水塔，它可以分别看做是由5个基本形体组合而成。

基本形体按其表面的几何性质可分为平面体和曲面体两类。平面体是由平面围合而成的空间封闭实体（图4-2），曲面体是由曲面或平面与曲面围合而成的空间封闭实体（图4-3）。

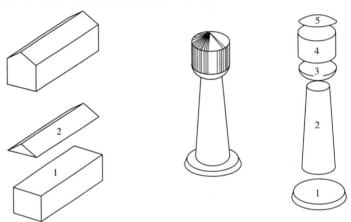

1-长方体 2-三棱柱
（a）

1、2-圆锥台 3-倒圆锥台 4-圆柱 5-圆锥
（b）

图4-1 形体分析
（a）坡顶房屋；（b）水塔

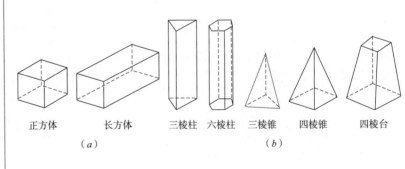

正方体　　长方体　　三棱柱　六棱柱　　三棱锥　　四棱锥　　四棱台
（a）　　　　　　　　　　　　　　（b）

图4-2 常见的平面体
（a）长方体；（b）斜面体

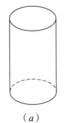
（a）

（b）

（c）

图4-3 常见的曲面体
（a）圆柱；（b）圆锥；（c）球

单元 3 中我们学习了点、直线、平面的投影知识，本单元我们将开始学习如何应用已掌握的点、线、面的投影知识，正确绘制基本形体的三面投影图。

通过本单元的学习，将解决以下问题：
- 绘制基本形体的三面投影先从哪里入手？
- 确定基本形体投影的关键在哪里？
- 怎样确定基本体的表面上的点或直线？
- 若知点在形体表面上的三面投影，你能确定它在形体上的位置吗？

4.1 平面立体的投影

通过学习，掌握平面立体的三面投影规律，能分析平面体表面上点、直线的投影，具有识图和绘制平面立体投影图的能力。

4.1.1 平面立体的投影

平面几何体是由若干平面多边形围成的，绘制平面立体的投影，就是做出围成该形体的各个表面多边形的投影，也就是绘制这些多边形的边线和顶点的投影。多边形的边线是平面立体的棱线。当棱线的投影为可见线时，画成粗实线，投影为不可见线画成粗虚线，当粗实线与粗虚线重合时，应画成粗实线。

1. 棱柱体的投影

两个平面（底面）互相平行，其余每相邻两个面的交线（棱线）互相平行的平面体称为棱柱，以棱数命名。其投影就是表达端面、棱面、棱线的投影。常见的有三棱柱、四棱柱等。

◆【例 4-1】将三棱柱水平放置在三投影面体系中，画出形体的三面投影，如图 4-4 所示。

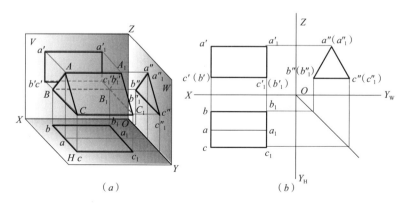

图 4-4 三棱柱的投影
(a) 直观图；(b) 投影图

分析与作图：

图 4-4（a）为一水平放置的三棱柱，它由五个棱面围成。它的两个端面 △ABC 与 △$A_1B_1C_1$ 均与 W 面平行，侧面投影反映实形并重合；下表面四边形 BB_1C_1C 与 H 面平行，水平投影反映实形；前、后两个平面四边形 AA_1B_1B、AA_1C_1C 均垂直 W 面，侧面投影聚积成直线，在 V、H 面的投影为类似形。

经过以上的投影分析，画图时可先画出反映三棱柱实形的 H、W 面上的投影，然后再作出 V 面的投影，如图 4-4（b）所示。

2. 棱锥体的投影

一个平面（底面）是多边形，其余各面是有一个公共顶点的三角形的平面体称为棱锥，以棱数命名。其投影由顶点、棱线及棱面构成。

◆【例 4-2】将三棱锥放置在三投影面体系中，画出形体的三面投影，如图 4-5 所示。

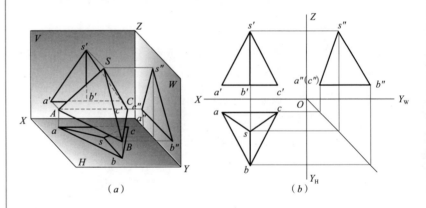

图 4-5 三棱锥的投影
（a）直观图；（b）投影图

分析与作图：

图 4-5（a）为一个竖直放置的三棱锥，它由顶点 s 及棱面 SAB、SBC、SAC 和底面 ABC 组成。它的底面与 H 面平行，画图时可先画出底面 ABC 的三个投影面及顶点 S 的三面投影，然后将顶点 S 与 A、B、C 各点的同面投影相连即可完成三棱锥的三面投影，如图 4-5（b）所示。

3. 棱台的投影

棱台是棱锥被平行于底面的平面截切形成的，其投影由两个端面、棱线及侧棱面构成。

◆【例 4-3】将三棱台放置在三投影面体系中，画出形体的三面投影，如图 4-6 所示。

分析与作图：

图 4-6（a）为一个竖直放置的三棱台，上下两个底面分别为

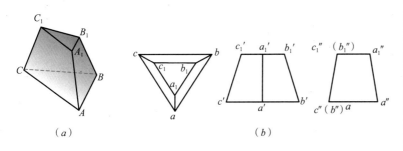

图4—6 三棱台的投影
(a) 直观图；(b) 投影图

$\triangle ABC$ 与 $\triangle A_1B_1C_1$ 均与 H 面平行，在 H 面反映实形，在 V、W 面投影聚积成直线；侧表面四边形 BB_1C_1C 为侧垂面，在 V、H 面为小于平面的类似形，在 W 面投影聚积成直线；侧表面四边形 AA_1B_1B、CC_1A_1A 与三个投影面均倾斜，在三个投影面的投影为小于平面的类似形，其投影如图4-6 (b) 所示。

4.1.2 平面立体表面上点和直线的投影

平面立体表面上的点和直线的投影，应符合平面上点和直线的投影特点。求平面立体表面上点和直线的投影，实质就是平面内求点的投影。

◆【例4-4】已知四棱柱表面上 K、L 两点在 V 面上的投影 k'、l' 及 M 点在 H 面上的投影 m，求 k、L、M 三点在另外两个面上的投影，如图4-7所示。

分析与作图：

求体表面上点的投影方法之一，可利用投影积聚性确定，如图4-7 (b) 所示。K 点在铅垂面 AA_1B_1B 上，因此先画出 K 在 H 面上的投影 k，再画出 w 面上的投影 k''；M 点在水平面 $D_1A_1B_1C_1$ 上，因

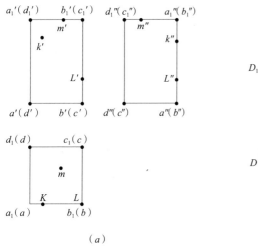

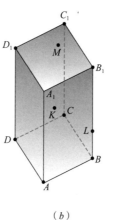

图4-7 四棱柱体表面上的点
(a) 投影图；(b) 直观图

此先画出 M 在 V 面上的投影 m'，再画出 W 面上的投影 m''；L 在侧棱 BB_1 上，其投影如图 4-7（b）所示。

◆【例 4-5】已知三棱柱表面上直线 AB、BC 在 V 面上的投影 $a'b'$、$b'c'$，求 AB、BC 在另外两个面上的投影，如图 4-8（a）所示。

分析与作图：

求三棱柱表面上直线 AB、BC 的投影，实质就是求三棱柱表面上 A、B、C 三点的投影，然后将其同面点的投影相连即可。

由图 4-8（a）的投影可知，点 A 在左前棱面上，点 B 在前棱上，点 C 在右前棱面上，可利用三棱柱在 H 面投影积聚性确定其表面上的点的投影。过 a'、b'、c' 向 H 面分别引垂线就可得到 a、b、c 三点，然后可根据已知两个点的投影求出其在 W 面上的投影 a''、b''、c'' 三点，最后将其同面点的投影相连即可求出，具体作法如图 4-8（b）、（c）所示。

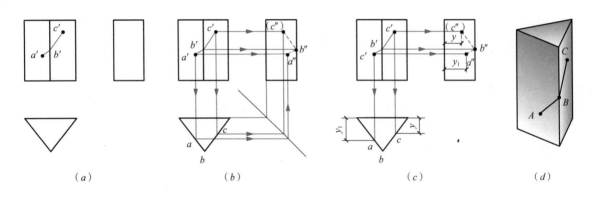

图 4-8　求三棱柱体表面上直线的投影
(a) 已知条件；(b) 作法一；
(c) 作法二；(d) 直观图

◆【例 4-6】如图 4-9（a）所示，已知三棱锥棱面 SAC 内一点 K 的 H 面投影 k，棱面 SBC 内一点 N 的 V 面投影 n'，求 K、N 两点的其他投影。

分析与作图：

（1）作点 K 的投影，因棱面 SAC 的棱线 AC 垂直于 W 面，故 SAC 为侧垂面，其侧面投影积聚成一条直线，故可利用积聚性投影由 k 求得 K''，再由 k、k'' 求得 K'。因棱面 SAC 是三棱面的后表面，故 $s'a'c'$ 不可见，所以 k' 为不可见（加括号），如图 4-9（b）所示。

（2）作点 N 的投影，棱面 SBC 是一倾斜面，无积聚性。只要过点 N 在棱面 SBC 上作一条辅助直线，就可求得它的另一投影。具体作图方法如下：

1）过点 N 作一直线 SD，即在 V 面投影上过点 n' 作直线 $s'd'$，再由 $s'd'$ 求得 sd，并由 n' 在 sd 上求得 n，点 n 可见；

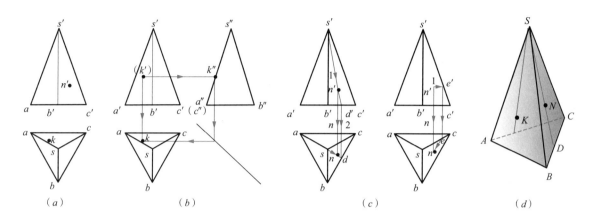

(a) (b) (c) (d)

2）过点 N 作一水平线 NE，即在 V 面投影上作 $n'e' \parallel b'c'$，再由 e' 求得 e，过 e 作 $en \parallel bc$，并由 n 在 en 上求得 n，如图 4-9（c）所示。

从上述 k、N 两点投影的作图可以看出：平面立体表面取点可以利用积聚性，若无积聚性则可用辅助线求出。

图 4-9 三棱锥表面取点
(a) 已知条件；(b) 用积聚性求解；
(c) 用辅助线求解；(d) 直观图

4.2 曲面立体的投影

通过学习，掌握曲面立体的三面投影规律，能分析曲面体表面上点，具有识读和绘制曲面立体投影图的能力。

工程上常见的曲面立体主要是回转体，如圆柱、圆锥及圆球等，它们都是由曲面，或平面与曲面围合而成的形体，其投影就是画出围合形体的曲面与平面投影。

4.2.1 常见曲面立体投影

1. 圆柱

◆【例 4-7】将一圆柱竖放在三投影面体系中，画出形体的三面投影，如图 4-10（a）所示。

分析与作图：

由于圆柱的轴线与 H 面垂直，所以其上、下底面在 H 面上的投影重合并反映实形，圆柱表面也都积聚在底面的水平投影上。圆柱的正面与侧面投影都是矩形，矩形两侧边线称外形线。如图中 AB、CD 的 V 面投影 $a'b'$ 与 $c'd'$，其侧面投影与圆柱轴线重合，不需单独表示，同理侧面投影中的外形线 EF、GH 的正面投影与圆柱轴线的正投影重合，不另外表示。画圆柱三面投影时旋转轴线的

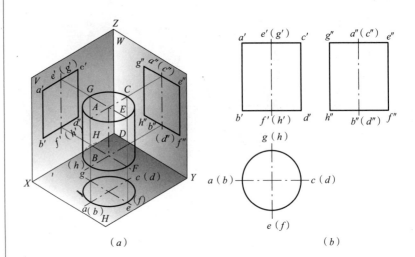

图 4-10 圆柱体的投影
(a) 直观图；(b) 投影图

投影用点画线画出。正面投影重合，不另外表示。所以，画圆柱体的立面投影时轴线的投影用点画线画出。圆柱的投影画法如图 4-10 (b) 所示。圆柱外形线是圆柱表面对某个投影面的可见与不可见部分的分界线。

2. 圆锥

◆【例 4-8】将一圆锥竖放在三投影面体系中，画出形体的三面投影，如图 4-11 (a) 所示。

分析与作图：

由于圆锥的轴线垂直于 H 面，故圆锥底面与 H 面平行，其 H 面投影为一反映实形的圆。圆锥的正面与侧面投影为两个等大的等腰三角形，三角形的两腰是圆锥的外形线。如正面投影中的 $s'a'$ 与 $s'b'$ 是圆锥前后表面的分界线 SA、SB 的正面投影，SA 与 SB 的侧面投影与圆锥轴线重合，画图时不单独表示；同理，圆锥侧面投

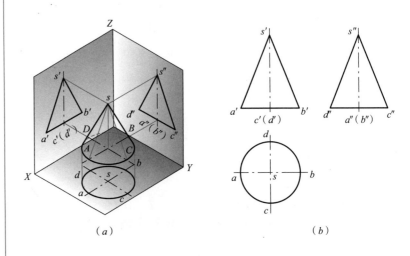

图 4-11 圆锥体的投影
(a) 直观图；(b) 投影图

影外形线 SC、SD 也是圆锥左右两部分表面的分界线，其正面投影与圆锥轴线重合不再单独表示，圆锥的三面投影画法，如图 4-11（b）所示。

3. 圆球

◆【例 4-9】将一圆球放在三投影面体系中，画出形体的三面投影，如图 4-12（a）所示。

分析与作图：

圆球是由球面围合而成的实体，球的三个投影均为等大的圆。这三个圆都是相应的外形线。如正面投影中的过 a' 点的圆，是球体前后两个半球表面分界线的投影，其水平投影 a 及侧面投影 a'' 均与对称中心线重合，画图时不单独表示；同样水平投影中过 b 点的圆是过球心与 H 面平行的过 B 点的圆的投影，它是球体上下两个半球表面的分界线，过 B 点的圆的正面投影也都与圆的水平轴线重合；与侧面平行的过 C 点的圆的投影不再叙述。球体的三面投影，如图 4-12（b）所示。

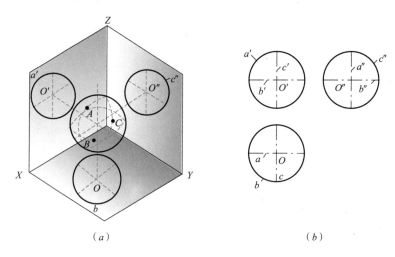

（a）　　　　　　　　　（b）

图 4-12　圆球的投影
（a）直观图；（b）投影图

4.2.2　曲面立体表面取点

曲面立体表面取点为：根据给出曲面立体上的一个投影，求出其余投影的方法。曲面上取点的方法有利用曲面投影的积聚性或曲面上过点作辅助线两种。

1. 圆柱体表面取点

圆柱体一般都是使其轴线垂直于某一投影，因此其表面上的点可利用积聚性求出。

◆【例 4-10】如图 4-13（a）所示，已知圆柱体表面上一点 A 的 V 面投影。求点 A 的 H 面、W 面投影。

分析与作图：

因圆柱的轴线垂直于 H 面，故圆柱的水平投影有积聚性，又因 a' 为可见，表明点 A 位于圆柱的前半个表面上，因此过 a' 向下投影，在圆柱水平投影的前半圆周上得点 A 的水平投影 a。由 a、a' 可求得 a''。因 a' 位于 V 投影对称轴的右侧，故 a'' 为不可见，如图 4-13（b）所示。

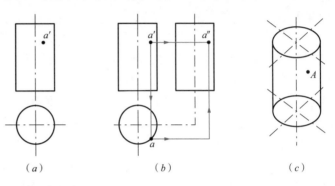

图 4-13 圆柱表面取点
（a）已知条件；（b）作图；
（c）直观图

2. 圆柱体表面取点

圆锥体表面，除底面外都没有积聚性可利用，因此在圆锥体表面上取点需要作辅助线。在锥面上作辅助线有两种方法：一素线法，二是纬圆法。具体作法见【例 4-11】。

◆【例 4-11】如图 4-14（a）所示，已知圆锥表面上一点 A 的 V 面投影 a'，求其水平投影 a 及侧面投影 a''。

方法一：素线法

素线法就是过给定点和锥顶在锥面上作一条素线为辅助线，利用点、线从属关系，从而得出点的其余投影的作图方法。

分析与作图：如图 4-14（b）所示。

(1) 过圆锥顶 S 的 V 面投影 s' 与点 A 的 V 面投影 a' 作一条素线 $s'a'$ 与底圆交于点 b'，从而得到 SB 的 V 面投影 $s'b'$。

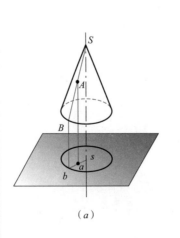
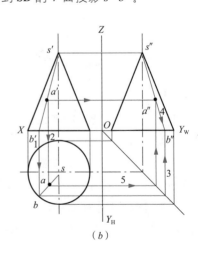

图 4-14 圆锥表面取点—素线法
（a）圆锥面上一点；（b）投影图

(2) 由 $s'b'$ 可求出 sb。

(3) 因点 A 在素线 SB 上，故过 a' 向下作垂线交在 sb 于 a，由 a' 和 a 可求得点 A 的侧面投影 a''。

方法二：纬圆法

纬圆法就是假想沿平行于圆锥的底面方向切割可形成许多圆，这些圆称为纬圆。锥面上任一点必在其高度相同的纬圆上，用纬圆作辅助圆来确定曲面上点的投影位置的方法称为纬圆法。

分析与作图：如图 4-15（a）、（b）所示。

(1) 过点 A 作纬圆。因纬圆是平行于 H 面的水平投影，所以其在 V 面上的投影应为一条平行于 OX 轴的直线，过 a' 作一条水平线 $1'2'$，$1'2'$ 即过点 A 的水平纬圆的 V 面投影。

(2) 以 $1'2'$ 为直径（以过点 A 的轴线到外形线的距离为半径），在 H 面上画出纬圆的水平投影。

(3) 过 a' 在纬圆的水平投影上得出 a，再由 a' 和 a 求得 a''。

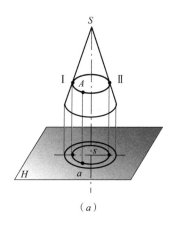
（a）

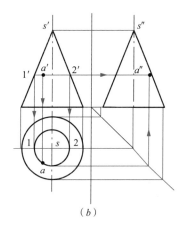
（b）

图 4-15　圆锥表面取点—纬圆法

3. 球表面取点

在球表面上取点，只能用纬圆法作图。

◆【例 4-12】如图 4-16 所示，已知球面上一点 M 的侧面投影

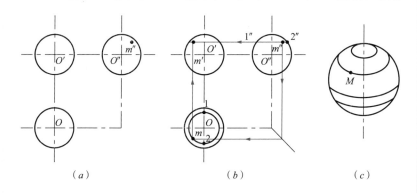

（a）　　　　　（b）　　　　　（c）

图 4-16　球表面取点—用水平纬圆作图
（a）已知条件；（b）作图；
（c）直观图

m''，求 m 及 m'。

分析与作图：

(1) 过 m'' 引一条水平线 $1''2''$，即是球面上与 H 面平行的纬圆的 W 面投影。

(2) 求出纬圆的 H 面投影，即以 O 为圆心以 $1''2''$ 为直径画圆。

(3) 由 m'' 求出 m，再由 m 求出 m'。

◆【例 4-13】如图 4-17 所示，已知球面上一点 M 的水平投影 m，求 m' 及 m''。

分析与作图：

过 m 引一条水平线 12，12 即是球面上与 V 面平行的正平纬圆的 H 面投影。其 V 面投影反映实形，即以 O' 为圆心以 12 为直径画圆。因 m 为可见，故将 m 投影于此纬圆的上半圆周上得出 m'，由 m 及 m' 可求出 m''，M 位于球的左侧表面上，故 m'' 为可见，如图 4-17 (b) 所示。

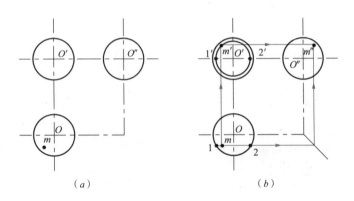

(a)　　　　　　　　　　(b)

图 4-17　球表面取点
(a) 已知条件；(b) 作图

单元小结

● 形体按组成形状的复杂程度分为基本形体和组合体两种。基本形体按其表面的几何性质可分为平面体和曲面体两类。

● 平面几何体是由若干平面多边形围成，绘制平面立体的投影，就是作出围成该形体的各个表面多边的投影，也就是绘制出这些多边形的边线和顶点的投影。

● 平面立体表面上的点和直线的投影应符合平面上点和直线的投影特点。求平面立体表面上点和直线的投影，实质上就是平面内求点的投影。平面立体表面取点可以利用积聚性，若无积聚性则利用辅助线求出。

● 曲面立体是由曲面或平面与曲面围合而成的形体，求其投影就是画出围合形体的曲面与平面投影。

● 曲面体表面取点，除底面外都没有积聚性可利用，因此在锥体表面上取点需要作辅助线。在锥面上作辅助线有两种方法：一是素线法，二是纬圆法。

练习与训练

1. 让学生收集常见的基本形体，如：棱柱体、棱锥体、棱台体、圆柱体、圆锥体、圆台体及球，说出其属于哪种类型的基本形体？各种形体的异同点有哪些？分别画出其三面投影，并说出其投影特性。

2. 给学生提供棱柱体、棱锥体表面上的点和直线的两面投影，让学生补出第三投影，并在实物上标出其位置。

3. 给学生提供圆柱体、圆锥体、圆球表面上点和直线的两面投影，让学生补出第三投影，并在实物上标出其位置。

单元 5
组合体的投影

图 5-1 中央电视台大楼

上个单元我们学习了基本形体的投影知识。现实生活中的建筑造型复杂多样，很少是由单一的基本形体组成的，往往是由若干个基本形体组合而成，我们把这种由两个或两个以上的基本形体构成的物体称为组合体。如图 5-1 所示中央电视台大楼，可以清楚地看出它是由若干个四棱柱组合而成的。可以说，组合体是实际建筑的简化模型。

本单元我们将开始学习组合体的投影知识，期间学到的知识将是我们绘制和阅读专业工程图的重要基础。通过学习，我们将解决以下问题：

- 组合体的组合形式有几种？
- 组合体表面是如何连接的？其投影图如何绘制？
- 如果给了你组合体的三面投影，你能想象出它的真实形状吗？
- 组合体投影的尺寸如何标注你知道吗？
- 形体被截断后的投影是什么样的？
- 你知道什么是相贯体吗？其投影如何确定？

5.1 组合体的形成分析

学习目标

> 通过学习，掌握组合体的组合形式及表面连接关系，为绘制、识读组合体的投影打好基础。

我们在作组合体投影图之前，要对形体进行分析。形体分析就是假想把组合体分解为若干个基本体，弄清楚各部分的形状、相对位置、组合形式以及表面连接关系，达到了解整体的目的。

5.1.1 常见的组合体方式

常见组合体的组合方式有：叠加型、切割型、综合型三种。

（1）叠加型组合体

叠加型组合体由若干个基本形体堆砌或拼合而成。如图 5-2 所示，独立基础可看成是由三块四棱柱叠加而成。

（2）切割型组合体

切割型组合体由一个基本形体切除了某些部分而成。如图 5-3 木榫可看作是由四棱柱切掉两个小四棱柱而成。

（3）综合型组合体

综合型组合体是由基本形体通过叠加及切割两种形式组合而成。如图 5-4 所示的带肋杯形基础，可看成四边由六块梯形肋板，中间由一个四棱柱在其正中切割掉一楔形块，底板由四棱柱叠加而成。

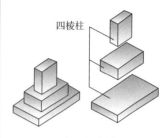

图 5-2 叠加型组合体

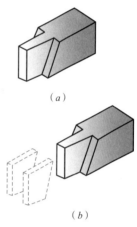

图 5-3 切割型组合体

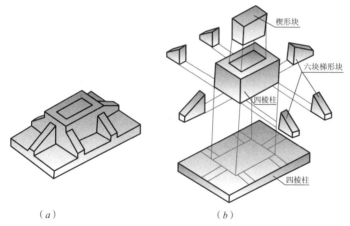

图 5-4 综合型组合体

5.1.2 组合体的表面连接关系

组合体中各基本几何体表面连接关系有以下四种关系：

（1）平齐（同面）：当两形体的表面平齐时，两邻接表面处不画分界线，如图 5-5 所示。

（2）不平齐（不同面）：当两形体的表面不平齐时，两邻接表面处画分界线，如图 5-6 所示。

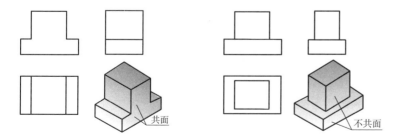

图 5-5 两形体表面平齐（左）

图 5-6 两形体表面不平齐（右）

(3) 相切：当两形体的表面相切时，平面与曲面光滑过渡，在相切处不画分界线，如图 5-7 所示。

(4) 相交：当两形体的表面相交时，在相交处应画出交线，如图 5-8 所示。

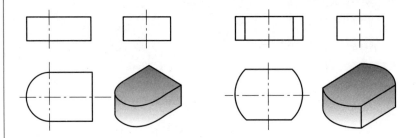

图 5-7　两形体表面相切（左）
图 5-8　两形体表面相交（右）

5.2　组合体投影图的画法

通过学习，掌握组合体投影图的绘图步骤及方法，具有绘制组合体投影图的能力。

5.2.1　组合体投影图的绘图步骤

1. 形体分析

绘制组合体的投影图时，应先分析出组合体的组合方式，如组合体是由哪些基本形体组成的，并了解它们之间是一种什么样的相对位置关系。

2. 选择投影方向

选择投影方向的原则为：

(1) 反映组合体的形状特征；

(2) 形体上处于投影面平行面的表面最多，投影图上的虚线最少；

(3) 形体的正常工作位置。例如，板的正常工作位置为水平放置，而柱的正常工作位置为竖直放置。

3. 画投影图

作图的一般步骤：

(1) 选比例、定图幅、进行图面布置；

(2) 画底稿线，画图时先画出一个基本形体的三面投影，再画第二个基本形体的三面投影；也可采用先画组合体的一个投影面的投影，再画组合体的另一个投影面的投影。

5.2.2 组合立体的投影图画法举例

1. 叠加型组合体三面投影图的画法

◆【例 5-1】画出图 5-9（a）叠加型组合体的三面投影图。

（1）形体分析：图 5-9（a）所示的组合体由一个水平放置的长方体（即形体 1）与右上方直立的一长方体（即形体 2）右面平齐，两形体中间平放一个三棱柱（即形体 3）共同组合而成。

（2）选择投影方向：选择正对着直立的长度方向为投影方向，如图 5-9（a）箭头所示。

（3）画投影图：选比例、定图幅、进行图面布置，如图 5-9（b）所示。

画底稿线，先画形体 1 的三面投影，再画直立的形体 2 的三面投影，最后画形体 3 的三面投影。然后检查、修改，擦去多余的线条，按规定加深各类图线。

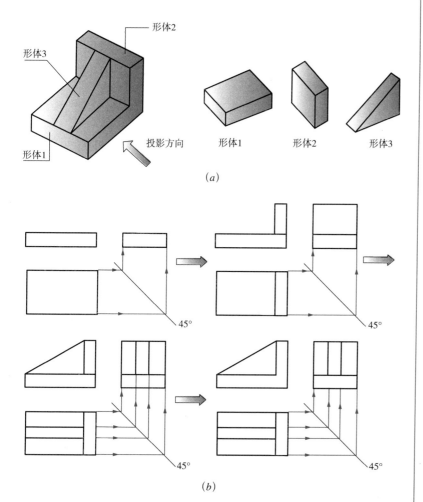

图 5-9 叠加型组合体三面投影的画法

(a) 组合体；(b) 45°线法画侧投影；(c) 度量法画侧投影

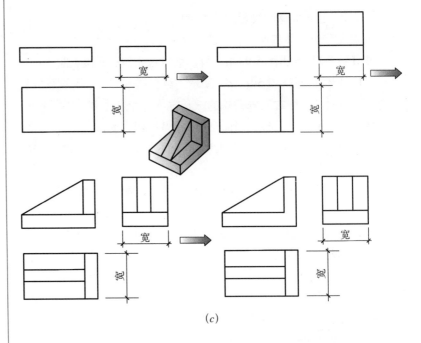

图 5—9 叠加型组合体三面投影
的画法（续）

(c)

图 5-9（b）为 45°线法画侧投影，图 5-9（c）为度量法画侧投影。

2. 切割型组合体三面投影图的画法

◆【例 5-2】画图 5-10（a）切割型组合体三面投影图。

分析与作图：

可以把给定的形体立体图看成是一长方体切割掉形体 1 和形体 2 后的剩余体，如图 5-10（a）所示。

画形体三面投影的方法为：先画出完整长方体的三面投影，然后分别画出形体 1 和形体 2 的三面投影，然后检查、修改，擦去多

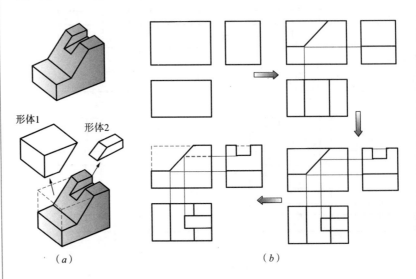

图 5—10 切割型组合体三面投影图的画法
(a) 切割型组合体；
(b) 画切割型组合体投影图过程

余的线条,按规定加深各类图线,图 5-10(b)所示为画切割型组合体投影图过程。

◆【例 5-3】画切割型组合体的三面投影图,如图 5-11 所示。

形体分析:图 5-11 所示的组合体切割前的基本形体为一个四棱柱。这个四棱柱正垂面被切去左上角,再被两个侧垂面 Q 切出 V 形槽而成。

选择投影方向:如图 5-11 所示。

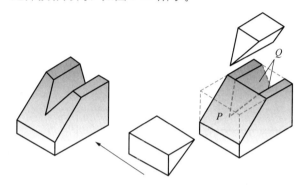

图 5-11 切割型组合体

画投影图:如图 5-12 所示。

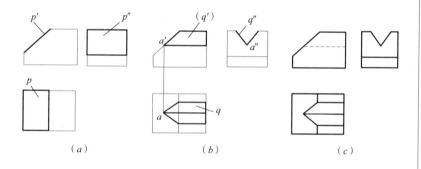

图 5-12 切割型组合体三面投影图的画法
(a) 画截面 P;
(b) 画 V 形切口;
(c) 检查,加深

3. 综合型组合体的投影

图 5-13(a)为四坡屋面房屋,我们可以将其看成是由一个横放的四棱柱上,平放一个扁四棱柱,最上边再放一个三棱柱,三棱柱上的两端被切割掉两个三棱锥,这个形体为综合型组合体。四坡屋面房屋的三面投影图,如图 5-13(b)所示。

房屋建筑中,我们将这样的屋面称为同坡屋面。同坡屋面是指屋顶檐口高度相同,各坡面的水平倾角相等的屋面。同坡屋面有二坡和四坡两种基本形式,要正确绘制同坡屋面的投影,就要讨论同坡屋面的特性,图 5-14 为四坡屋面,具有以下投影特性:

(1)檐口线平行的两个坡面的交线称为屋脊线。屋脊线是一条平行于檐口的水平线,其 H 面的投影必平行于檐口线的 H 面投影,

图 5-13 四坡屋面房屋
(a) 立体图；(b) 投影图

图 5-14 四坡屋面

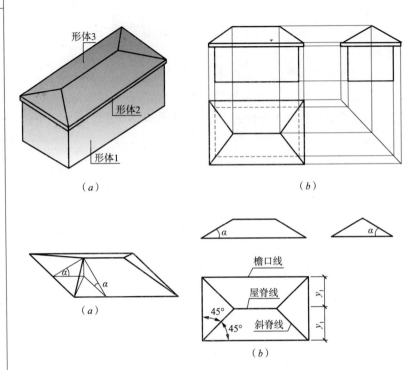

且与两个檐口线距离相等，如图 5-14 (b) 所示。

(2) 檐口线相交的相邻两个坡面的交线称为斜脊线或斜沟。其 H 面的投影为两檐口线夹角的平分线。由于建筑物的墙角为 90°，因此斜脊线或斜沟的 H 面的投影为 45° 斜线，如图 5-14 (b) 所示。

(3) 两斜脊线、两斜沟或一斜脊线和一斜沟相交，在交点处必还有另一条屋脊线相交。

◆【例 5-4】图 5-15 (a) 已知四坡屋顶的平面图，各坡面的水平倾角 α，求作其 H、V 面的投影。

分析与作图：

此屋顶平面形状是一个 L 形，它是由两个四坡屋面垂直相交而成，其作法如下：

(1) 将屋顶平面划分为两个矩形 abdc 和 cgfe，如图 5-15 (b) 所示。

(2) 作各矩形顶角的角平分线和屋脊线的投影，得部分重叠的两个四坡屋面，如图 5-15 (c) 所示。

(3) L 形平面的凹角 bhf 是由两檐口线垂直相交而成的，坡屋面在此从方向上发生转折，此处必有一交线，即分角线。作法：自 h 作 45° 斜线交于 2，此 h2 线即为一条斜沟投影线。

(4) 图中 d1、g2、12 各线段都位于两个重叠的坡面上，实际是不存在的；gh 和 dh 这两条线是假设的应擦去，屋面的 H 投影如图 5-15 (e) 所示。

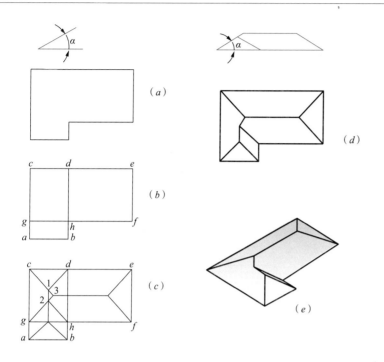

图 5-15 坡屋面投影作法

（5）根据坡屋面倾角 α 和已做出的 H 面投影可作出屋面的 V 面投影，如图 5-15（d）所示。

（6）图 5-15（e）所示为该屋面的立体图。

5.3 组合体投影图的识读

通过学习，掌握组合体投影图的识读方法，能够识读组合体投影图。

根据画好的组合体投影图，应用投影原理和方法，想象出其形状和构造，这就是组合体识读。要准确看懂投影图，培养空间思维和空间想象能力，必须掌握识图的基本要点及方法。

5.3.1 识图的基本要点

1. 几个投影图的关系联系起来识读

一个投影图不能确定物体的形状，读图时应根据各个投影面的投影图进行分析、构思，才能想象出物体的形状，如图 5-16 所示，三个物体的 V 面投影图是相同的，不能确定其形状。只有将 V 面与 H 面的投影图联系起来，才能确定他们各自的形状。

如图 5-17 所示，两个物体的 V 面与 H 面投影图是相同的，不

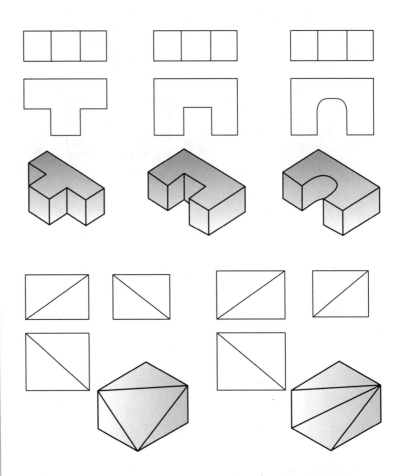

图 5-16 物体的 V 面投影图相同

图 5-17 物体的 V 面与 H 面投影图相同

能确定其形状。只有将三个投影图联系起来,才能确定它们各自的形状。

2. 清楚投影图中线框和图线的含义

投影图中每一线框含义有:

(1) 平面,如图 5-18(a)所示中的 A;

(2) 曲面,如图 5-18(a)所示中的 B;

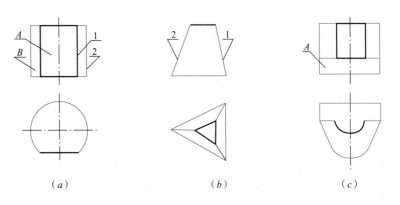

图 5-18 线框和图线的含义

(a)　　　　　　　　(b)　　　　　　　　(c)

(3) 平面与曲面相切连接，如图 5-18（c）所示中的 A；

投影图中每一图线含义有：

两表面的交线，有可能是平面与平面的交线，如图 5-18（b）所示中的 2；也有可能是平面与曲面的交线，如图 5-18（a）所示中的 1；垂直面的投影，如图 5-18（b）所示中的 1；曲面的转向轮廓线，如图 5-18（a）所示中的 2。

3. 分析投影图中物体的形状与位置特征

(1) 形状特征分析，如图 5-19（a）所示 T 形梁的三面投影中的 W 面投影图，反映物体形状最明显，只要与 V 面和 H 面投影图联系起来看，就可以想象出物体的全貌了，如图 5-19（b）所示。

(2) 位置特征分析，如图 5-20（a）所示的物体三面投影中的 W 面投影图反映物体上 I 与 II 部分位置关系最明显的投影图，只要把 V 面与 W 面投影图联系起来看，就可知 II 是凹进去的，I 是凸出来的。如果只看 V 面与 H 面投影图，则无法确定，此时可能是图 5-20（b）也可能是图 5-20（c）所示的形体。

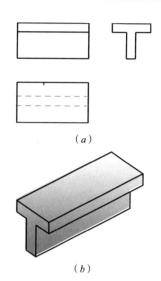

图 5-19 形状特征分析（一）

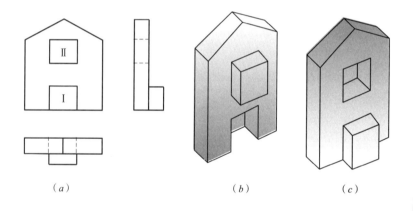

图 5-20 形状特征分析（二）

5.3.2 识图的基本方法

1. 形体分析法

识图的方法与画图一样，也是应用形体分析法的。当构成组合体的各组成部分的轮廓比较明显时，多采用形体分析法。具体分析过程为：在反映物体形状特征比较明显的投影图上按线框将组合体分为几部分，然后通过投影关系，找到各线框在其他投影中的投影，从而分析各部分的形状及它们之间的相互位置，最后综合起来想象出整体形状。概括起来就是"分部分想形状，合起来想整体"。

◆【例 5-5】识读组合体投影图。如图 5-21 所示。

分析过程：由于 V 面投影图较多地反映了物体的形状特征，所以将其分为三个线框，如图 5-21（a）所示，图 5-21（b）为线

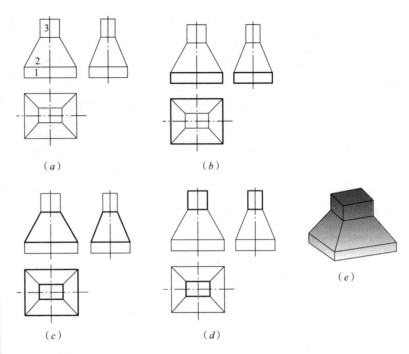

图 5-21 形体分析法识图（一）

框 1 在形体中的投影，图 5-21（c）为线框 2 在形体中的投影，图 5-21（d）为线框 3 在形体中的投影，图 5-21（e）为整体形状。

◆【例 5-6】如图 5-22（a）所示，补全三面正投影图中所缺的线。

分析过程：从如图 5-22（a）所示的投影图中可以看出，W 面投影图较多地反映了物体的形状特征，该组合体是房屋建筑中的台阶，台阶中间是三个长方体的叠加，两边的挡板是两个长方体切割掉一个相同的三棱柱形成的，如图 5-22（b）所示。

对形体进行分析后，我们再来看图 5-22（a）中所缺的图线。

三个投影图中，W 面投影正确。V 面投影中三步台阶的投影正确，左右两挡板的投影应该看到两个平面，利用 W 面投影，"高平齐"补画左右各一条线段。H 面投影中，左右两挡板的投影应该看到两个平面，利用"宽相等"补画左右各一条线段；三步台阶的投影应该看到三个面，利用"宽相等"补画两条线段。补线方法有两种，其画法如图 5-22（c）、（d）所示。

2. 线面分析法

对于用切割方式形成的组合体，当形成比较复杂时，只用形体分析法很难读懂，这时需在形体分析的基础上，利用线面分析法。

线面分析法，是以线、面的投影规律为基础，按照围成形体的棱线和线框，分析它们的形状和相互位置，想象出被它们围成的形体整体形状。

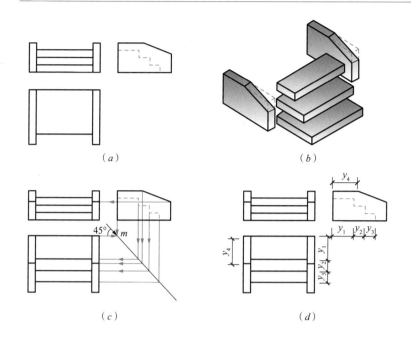

图 5-22 形体分析法识图（二）
(a) 已知条件；(b) 形体分析；
(c) 补线结果（使用 H、W 投影对应方法一）；(d) 补线结果（使用 H、W 投影对应方法二）

◆【例 5-7】识读组合体投影图，如图 5-23 所示。

分析过程：

粗读三面投影，从图 5-23（a）粗略地看出，三个投影外形是三个方形线框，V 面投影左上角缺一角，W 面投影前上部缺一角，H 面投影右前有一方形缺口。初步确定这是一个四棱台，在右前方挖去一个缺口，左上端和前面是斜面，右端和后面是齐的平面，这样的形体适合用线面分析法。

线面分析法的具体应用，画线框对投影，确定平面的形状和位置。H 面投影有三个线框 1、2、3，V 面投影除 1' 外还有两个线框 4' 和 5'，W 面投影除 2″ 外还有一个线框 6″，根据"长对正、高平齐、宽相等"将六个线框的三面投影都标出。

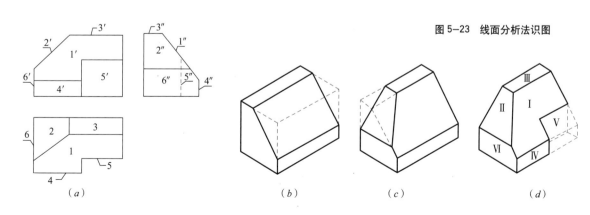

图 5-23 线面分析法识图

根据线框Ⅰ的三面投影，V面、H面的投影像个刀把梯形，W面投影是一条积聚直线，说明线框Ⅰ是一侧垂面。依此投影分析可知，投影Ⅱ是个正垂面，线框Ⅲ是个水平面，线框Ⅳ是正平面，线框Ⅴ也是正平面，线框Ⅵ是侧平面。

通过对6个线框的投影进行分析，可知该形体的前上方是一侧垂面，如图5-23（b）所示；左上方是一正垂面，如图5-23（c）所示；在它的右前角又切去一个四棱柱块。整个形体的形状，如图5-23（d）所示。

◆【例5-8】补画组合体投影图中的缺漏线，如图5-24（a）所示。

补画投影图分析：要补画投影图中的漏线，用形体分析法补线。该组合体是由上方的四棱柱和下方的六棱柱叠加而成的，两者左右对称，后表面平齐。四棱柱下部由前向后挖下去一个方槽。由此可知，V面投影漏画了六棱柱的前边两铅垂线的投影；W面的投影漏画了六棱柱的中间棱线的投影；H面的投影漏画了四棱柱上的侧垂面及方槽的投影。补图结果如图5-24（c）所示。

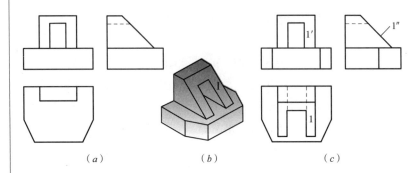

图5-24 补画投影图中的缺漏线

（a）　　　　　　（b）　　　　　　（c）

5.4 组合体的尺寸标注

通过学习，掌握组合体的尺寸标注类型及尺寸标注的基本要求，会标注组合体的尺寸。

组合体的投影图除了要画出形状之外，还需标注出组合体各部分的尺寸，使看图的人了解组合体的真实形状与大小。

5.4.1 组合体的尺寸标注类型

组合体的尺寸标注类型有：

（1）定形尺寸：确定组合体中各基本形体大小的尺寸，也叫定量尺寸。

1）基本几何形体只有定形尺寸，如图 5-25 给出了几种基本几何形体的尺寸画法；基本几何尺寸的大小是由长、宽、高三个方向的尺寸来确定的，一般情况下，这三个方向的尺寸都应标注出来。

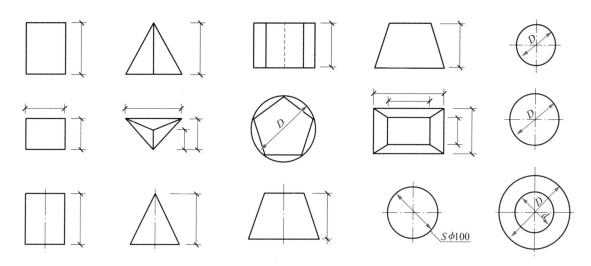

棱柱、棱锥应标注出长、宽、高。

棱台应标注出上底、下底的长和宽及高度尺寸。

标注圆柱、圆台的尺寸时一般在不反映圆的投影图上标注其底面（或顶、底面）、直径（数值前标注直径符号"ϕ"）和高度，确定其大小，其他投影图上不需标注尺寸。

对于圆球，其三个尺寸相同，只在一个投影图上标注尺寸，并在直径符号"ϕ"前加注符号"S"，表示球面直径。

图 5-25　基本形体的尺寸标注

2）组合体中的定形尺寸，图 5-26 中所示的 300、100 和 18 就是底板的定形尺寸，$6 \times \phi 25$ 是穿孔的定形尺寸。

（2）定位尺寸：确定组合体中各基本形体之间相对位置的尺寸。如图 5-26 中的 180、60 就是底板上穿孔的定位尺寸。

标注定位尺寸时，要选定三个方向上的定位基准。一般采用组合体的对称中心线、轴线和图形的端部作为标注尺寸的定位基准。

（3）总体尺寸：确定组合体总

图 5-26　组合体的尺寸标注（一）

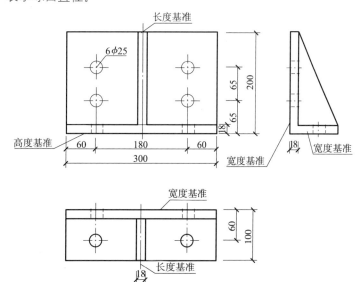

长、总宽和总高的尺寸。总体尺寸与定形尺寸一致时，不用重复标注。图 5-26 中的 300、200 和 100 是形体的总尺寸。

5.4.2 尺寸标注的基本要求

尺寸标注的基本要求为：完整、准确、清晰、整齐。

要想达到以上这些要求，标注组合体尺寸时应注意以下几个问题：

（1）尺寸应尽量标注在形状特征图上。

（2）与两个图形有关的尺寸应尽量标注在两个图形之间，以避免重复。

（3）尺寸应尽量标注在一条直线上。如有多排尺寸时，尺寸线之间的间隔应为 7～10mm 间距相等，还要按"大尺寸在外，小尺寸在内"的原则排列标注。

图 5-27 为组合体尺寸标注案例。

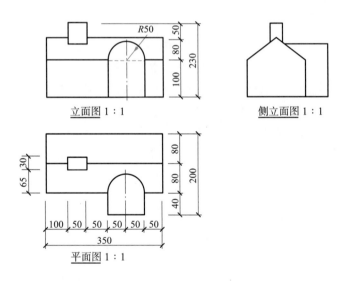

图 5-27 组合体的尺寸标注（二）

*5.5 截切体与相贯体的投影

> 通过学习，理解截交线的概念、性质，掌握特殊位置平面与平面立体相交，求截交线的方法；掌握特殊位置平面与圆柱、圆锥、圆球相交，求截平面的方法；理解相贯线的概念、性质，掌握利用积累性和辅助平面法求两回转体相交线的方法。

被平面截割后的形体称为截断体。截割形体的平面称为截平面，平面与立体表面的交线称为截交线；由截交线所围成的平面图形称为截面或断面；立体被一个或几个平面切割后余下的部分称为切割体，如图 5-28 所示。

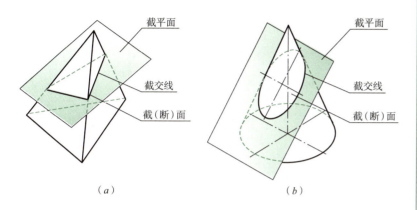

图 5-28　立体截断
(a) 平面立体截断；
(b) 曲面立体截断

两相交的形体称为相贯体。它们表面的交线称为相贯线，如图 5-29 所示。两形体相贯可能是平面体与平面体相贯，如图 5-29 (a) 所示。平面体与曲面体相贯，如图 5-29 (b) 所示；曲面体与曲面体相贯如图 5-29 (c) 所示。

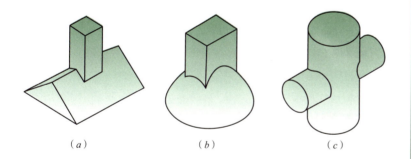

图 5-29　体的相贯

在房屋建筑或工程构件的表面经常出现许多交线和相贯线，所以求做截断体和相贯体的投影实际上就是求这些交线的投影。

5.5.1　立体的截断

1. 平面立体的截断

一立体被一平面切割时其截交线是平面与立体表面的共有线，它是一个封闭的平面多边形，其每一边都是截平面与立体一棱面的交线，其顶点就是截平面与一棱线的交点，所以画截面的实质就是求面面交线与线面交点。

◆【例 5-9】已知六棱柱被正垂面截切，求做截交线的投影，如图 5-30 所示。

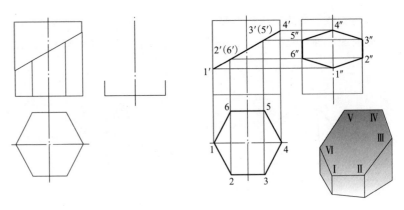

图 5-30 六棱柱的截断

分析与作图：

六棱柱被正垂面截切，截交线是六边形，六个点是六条侧棱与已知截面的交点，六边形的正面投影积聚为一条直线，水平投影则与六棱柱的水平投影重合，现在已知截交线的正立投影面、水平投影面的投影，可求其第三投影面投影；作图时首先画出完整棱柱的侧面投影，然后根据水平投影面上的投影 1、2、3、4、5、6，求截平面与各棱线交点的正面投影 1′、2′、3′、4′、5′、6′，由点的投影规律求出各点的侧投影，最后依次连接各点的同面投影，即得截交线的侧面投影，再将余下部分的棱线按规定线型加深，即可完成切割后六棱柱的投影，如图 5-30 所示。

◆【例 5-10】已知三棱柱被正平面所截，求截切后立体的投影，如图 5-31（a）所示。

分析与作图：

如图 5-31（b）所示，截平面 p 是正垂面，截交线是截平面 p_V 上的线，所以其正面投影与 p_V 重合；三棱柱上各棱与截面 p 的交点 Ⅰ、Ⅱ、Ⅲ 的 v 面投影 1′、2′、3′ 可得，由点的投影规律求出各点的

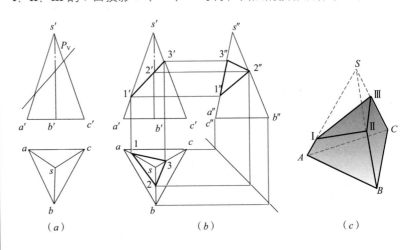

图 5-31 三棱锥的截断
(a) 已知条件；(b) 投影作图；
(c) 直观图

水平投影，由点的投影规律求出各点的侧面投影，最后依次连接各点的同面投影，即得截交线的侧面投影，再将余下部分的棱线，按规定线型加深，即可完成切割后三棱柱的投影。

2. 曲面立体的截断

平面与曲面立体截断时其截交线为封闭的曲面多边形，因此画截断面时需找出截交线上的若干点，再用光滑曲线相连。

（1）圆柱的截交线

由于截平面与圆柱体轴线的相对位置不同，其截断面有三种情况见表 5-1。当截平面与圆柱轴线平行时，截交线是矩形；当截平面与圆柱轴线垂直时，截交线是圆；当截平面与圆柱轴线倾斜时，截交线是椭圆。

圆柱体的截交线 表 5–1

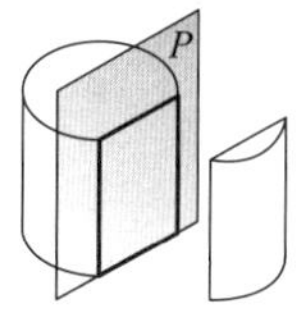

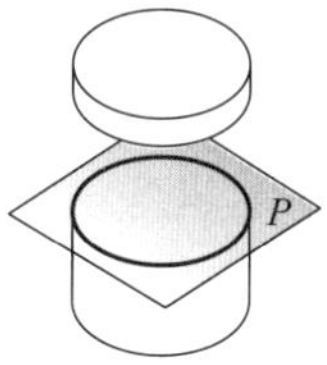

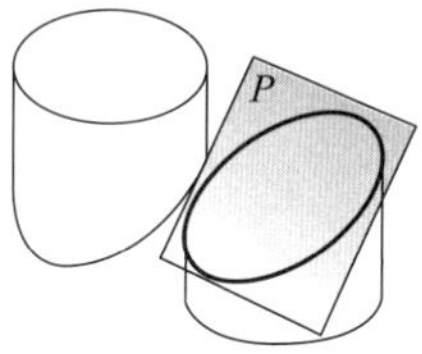

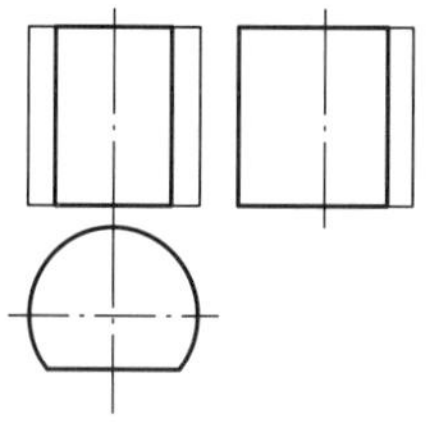

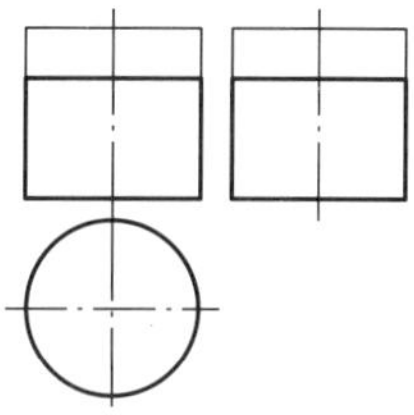

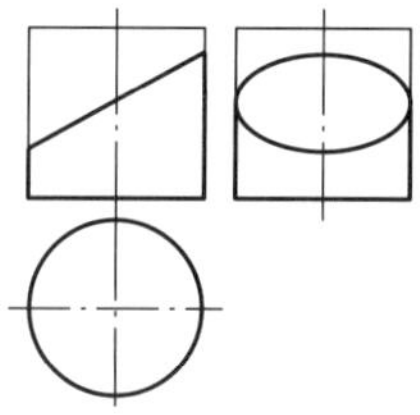

截平面与圆柱轴线平行	截平面与圆柱轴线垂直	截平面与圆柱轴线倾斜
截交线为矩形	截交线为圆	截交线为椭圆

◆【例 5-11】如图 5-32 所示，求圆柱切割后的投影。

分析与作图：

圆柱左右两侧被侧平面 M 和水平面 N 截切成左右对称的切口。切口两侧面 M 是侧平面，正平面和水平面的投影积聚为直线 m'、m，侧面投影是矩形线框 m''。切口底面 N 是水平面，正面和侧面投影积聚为直线 n'、n''，水平投影为弓形线框 n，作图时先画出完整的圆柱体的三面投影，即反映切口特征的正面投影，然后画出水平投影，最后画侧面投影，如图 5-32 所示。

◆【例 5-12】求斜切圆柱后的投影，如图 5-33 所示。

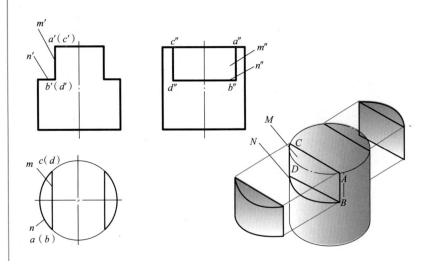

图 5-32 圆柱切割后的投影

分析与作图:

圆柱被正斜面斜切,截交线是椭圆。其正面投影与截平面的正面投影重合,为一段直线;水平投影与圆柱的水平投影重合,为一个圆;已知椭圆的两个投影,即可求得侧面投影。作图时先画出完整圆柱的侧面投影,然后,确定截交线上的特殊点,即圆柱面上左素线、右素线、前素线和后素线与截平面的交点,其水平投影为 1、2、3、4,正面投影为 $1'$、$2'$、$3'$、$4'$,根据点的投影规律可直接作出侧面投影 $1''$、$2''$、$3''$、$4''$,其次,作出中间点 A、B、C、D 四个点的三面投影,最后依次光滑连接各点的侧面投影,即得所求截交线。斜切圆柱投影图,如图 5-33 所示。

(2) 平面与圆锥体相交

平面与圆锥体相交,根据截平面与圆锥体的截切位置、截平面和轴线的倾角不同,截交线分五种情况,见表 5-2。

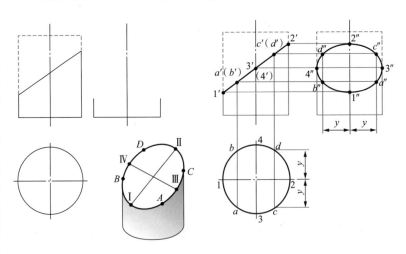

图 5-33 斜切圆柱的投影

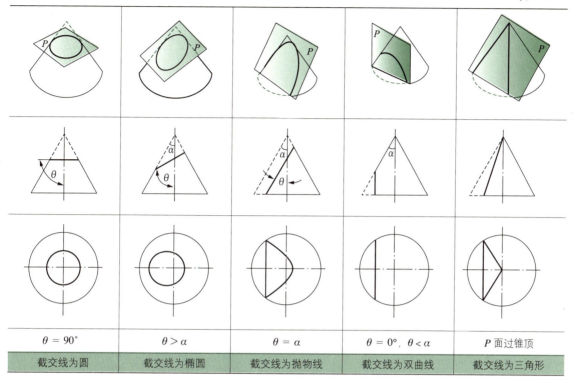

表 5-2 圆锥体的截交线

$\theta = 90°$	$\theta > \alpha$	$\theta = \alpha$	$\theta = 0°，\theta < \alpha$	P 面过锥顶
截交线为圆	截交线为椭圆	截交线为抛物线	截交线为双曲线	截交线为三角形

由于截平面可能是投影面垂直面或是投影面平行面，则截交线的一面投影或两面投影为直线，即可知截交线上点的一面投影或两面投影。求截交线上点的另一面投影或两面投影，可通过截交线，在圆锥体表面做辅助圆。

如图 5-34 所示，截平面 p 与圆锥体相截得其表面交线，若通过截交线做辅助圆，可得截交线上的点 A 和 B，辅助圆的各面投影可知，则点 A、点 B 的投影按从属关系也可求。

◆【例 5-13】如图 5-35 所示，圆锥被一正平面截切，已知其水平投影侧面投影，求其正面投影。

图 5-34 辅助圆法

分析与作图：

如图 5-35 所示，圆锥被一正平面截，所得截交线为双曲线和直线围成的平面图形。正投影反映双曲线实形；作图时，先画出完整圆锥的正面投影，然后求出截交线上的特殊点，即侧面投影中的最高点 a'' 及最低点 b''（c''）。根据点的投影规律，水平投影 a、b、c、及侧面投影 a''、b''、c''，求得正面投影 a'、b'、c'，再求出截交线上的一般点 d''（e''），过 d''（e''）做一辅助圆，由辅助圆和 d''（e''）点与轴线的宽度 y 求得 d、e，从而求得正面投影 d'、e'，最后依次

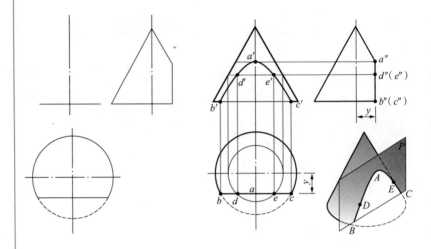

图 5-35 圆锥被正平面截切

连接 b'、d'、a'、e'，即得截交线的正面投影。

5.5.2 体的相贯

1. 两平面体相贯

两立体相贯时其相贯线是封闭的空间直线或空间曲线。特殊情况下可为平面直线或平面曲线。相贯线为两立体表面的共有线，相贯线上的点是共有点，求相贯线的实质就是求两立体表面上的共有点的投影，然后依次连线，并判断可见性。

◆【例 5-14】求作烟囱与屋面相贯线的投影，如图 5-36 所示。

分析与作图：

该形体为垂直于水平面的四棱柱烟囱与垂直于侧面的三棱柱屋顶相贯，其相贯线作法如下：首先利用屋顶在侧面上投影的积聚性，可直接求出烟囱的四根棱线对屋顶各贯穿点的侧面投影 $1'$、$2'$、$3'$、$4'$；然后求出 V 面上所对应的各点投影，最后确定 H 面所对应的各点。

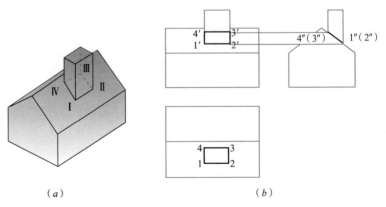

图 5-36 烟囱与屋面相贯线的投影

(a) (b)

2. 平面体与曲面体相贯

平面体与曲面体相贯，相贯线由若干段平面曲线或平面曲线和直线所组成。求其相贯线的实质就是平面与曲面体的交线，各段曲线连接点，就是平面立体的棱线与曲面立体的贯穿点。

◆【例 5-15】求做矩形梁与圆柱的相贯线，如图 5-37（a）所示。

分析与作图：

梁与柱的相贯线是由曲线 *BC* 和直线 *AB*、*CD* 组成。由于梁和柱都处于特殊位置，相贯线的 *H* 面投影和 *W* 面可直接找到，只需作出相贯线的 *V* 面投影即可，如图 5-37（b）所示。

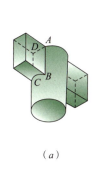
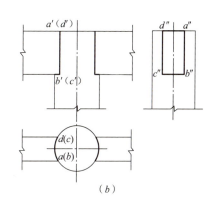

图 5-37 矩形梁与圆柱的相贯线

3. 两曲面体相贯

两曲面体相贯一般是封闭的空间曲线，特殊情况可为平面曲线或直线。相贯线是两曲面体的共有线，相贯线上的点都是两立体表面上的共有点。求相贯线的实质就是求相贯线上共有点的投影，然后依次连接，如图 5-38 所示。

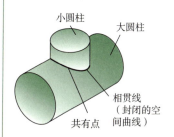

图 5-38 圆柱与圆柱正交相贯

◆【例 5-16】求作图 5-39（a）圆柱与圆柱正交的相贯线。

作图分析：

在 *H* 面投影上，竖向圆柱的投影积聚成圆，相贯线也积聚在竖向圆柱水平投影的圆上，在 *W* 投影面上，横向圆柱的投影积聚成圆，相贯线也积聚在横向圆柱侧面投影的圆上，因此只需求出相贯线的 *V* 面投影。

（1）求相贯线上的特殊点，一般位于立体的外形线、轴线位置上，由 *H* 面投影图可确定最左、最右、最前、最后点的投影 1、2、3、4，由此确定在 *W* 投影面上的最高、最低点的投影 1″、2″、3″、4″，然后作出其在 *V* 面的投影，如图 5-39（a）所示。

（2）求一般点，在 *W* 投影面上取同样高的四点 5″、6″、7″、8″，再按投影规律求出另外两个投影面上的投影，如图 5-39（b）所示。

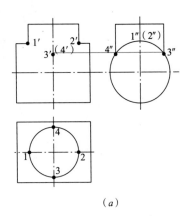
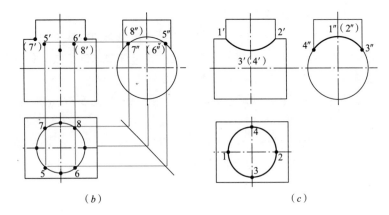

图 5-39 圆柱与圆柱相贯线的投影图

(3) 将 V 面投影上的各点依次用光滑曲线连接，即得相贯线的投影，如图 5-39（c）所示。

◆【例 5-17】求作圆柱屋顶的相贯线，如图 5-40（a）所示。

分析与作图：

如图 5-40（a）所示，两个直径不同而轴线垂直相交的圆拱屋顶，轴线处于同一水平面上，由于两圆拱都处于特殊位置，相贯线的 V 面投影与小圆拱 V 面投影重合，相贯线的 W 面投影与大圆拱 W 面投影重合，需要求作的是相贯线的 H 面投影，作法如图 5-40（b）所示。

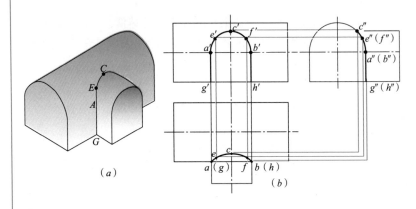

图 5-40 圆柱屋顶的相贯线

单元小结

● 组合体的构成方式：叠加型、切割型、综合型三种形式，在作组合体投影图之前，要对形体进行分析。把组合体分解为若干个基本体，清楚各部分的形状、相对位置、组合形式以及表面连接关系，以达到了解整体的目的。

- 组合体投影图的绘图步骤：①形体分析；②选择投影方向；③画投影图。
- 根据画好的组合体投影图，应用投影原理和方法，想象出其形状和构造，这就是组合体识读。要准确看懂投影图，培养空间思维和空间想象能力，必须掌握识图的基本要点及方法。
- 识图的基本要点：①几个投影图的关系联系起来进行识读；②清楚投影图中线框和图线的含义；③分析投影图中物体的形状与位置特征。
- 识图的方法：①形体分析法是分部分想形状，合起来想整体；②线面分析法是以线、面的投影规律为基础，按照围成形体的棱线和线框，分析它们的形状和相互位置，想象出被它们围成的形体的整体形状。
- 组合体的尺寸标注类型有：①定形尺寸；②定位尺寸；③总体尺寸。标注定位尺寸时，要选定三个方向上的定位基准。一般采用组合体的对称中心线、轴线和图形的端部作为标注尺寸的定位基准。

练习与训练

1. 学生将收集的基本形体叠加成各种各样的组合体，分析其相对位置及其之间的连接方式，画出其三面投影。

2. 画出图5-2、图5-3、图5-4组合体的投影。

3. 学生准备一个实心水果或蔬菜，如土豆、茄子、苹果等将其切割成四棱柱，在教师的指导下将四棱柱再切割成各种形体，分析其形状特征，画出其三面投影。

4. 让学生观察收集周围房屋的坡屋顶形式有哪几种？分别画出其三面投影图。

5. 让学生收集各种相贯体，如四棱柱与三棱柱体的相贯、梁与柱的连接、水管的两通连接、水管的三通连接处的三面投影，分析其投影特点。

单元 6
轴测投影

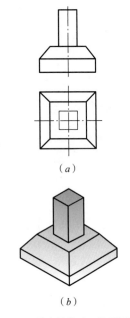

图 6-1 独立柱基础正投影图与
轴测图投影图
(a) 正投影图；(b) 轴测投影图

 学习目标

前面的单元中我们学习了物体的三面投影知识。通过学习我们知道，三面正投影图能够准确反映物体的形状和大小，但由于它是用平面图形来表现投影的，与人们的视觉习惯差异较大，因此并不能直观地反映物体的立体形状。透视图具有直观、形象的特点，但投影关系比较复杂，绘图的难度较高；而轴测投影具有图形直观、绘图难度不高的特点，因此，在工程中应用较为广泛。如图 6-1 所示为一独立柱基础，图 6-1 (a) 是其正投影，图 6-1 (b) 是其轴测投影图，可以看出，即便一个没有太多投影知识的人也可以从 (b) 图中看懂基础的形状。

轴测投影也是一种平行投影，是一种可以同时表现形体长、宽、高三个量度大小的单面投影。轴测图立体感强，对于复杂的建筑常用轴测投影绘制出立体图，帮助人们理解正投影图。轴测投影作为一种方法广泛应用于土木工程制图中，尤其是水暖专业。

本单元中，我们将开始学习轴测投影的知识。通过学习，我们解决以下问题：

● 轴测投影的形成原理与正投影的形成原理有什么不同？
● 轴测投影有哪几种？
● 常见的轴测图如何绘制？

6.1 轴测投影的基本知识

通过学习，掌握轴测投影图的形成原理与分类方法，了解轴测投影的轴间角、轴向伸缩系数及轴测投影的基本性质。

6.1.1 轴测投影的形成

轴测投影是将形体及直角坐标系，沿不平行于任一坐标面的方向，用平行投影法将其投射在单一投影面上，所得到的图形称为轴测投影或轴测图，如图 6-2 所示。

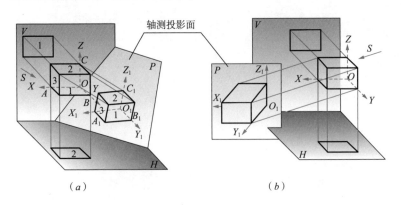

图 6-2 轴测投影的形成

在轴测投影图中,作轴测投影的平面 P 称为轴测投影面;投射方向 S 称为轴测投射方向。

空间形体直角坐标轴 OX、OY、OZ 在轴测投影面上的投影 O_1X_1、O_1Y_1、O_1Z_1 称为轴测投影轴,简称轴测轴,如图 6-3 所示。

轴间角是任意两条轴测轴之间的夹角,如 $\angle X_1O_1Z_1$、$\angle X_1O_1Y_1$、$\angle Y_1O_1Z_1$,如图 6-3 所示。

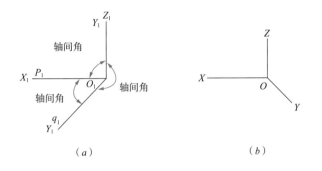

图 6-3 轴测投影轴与空间直角坐标轴
(a) 轴测轴;(b) 空间直角坐标轴

轴测轴与空间直角坐标轴单位长度之比,称为轴向伸缩系数。

OX 轴向伸缩系数 $p_1 = O_1X_1/OX$;

OY 轴向伸缩系数 $q_1 = O_1Y_1/OY$;

OZ 轴向伸缩系数 $\gamma_1 = O_1Z_1/OZ$;

6.1.2 轴测投影的基本特性

轴测投影是用平行投影法绘制的,因此它具有平行投影的一切投影特性。

由图 6-2 轴测投影的形成可知:

轴测图中的三个轴测轴分别对应空间坐标体系中的三个坐标轴 X、Y、Z。

● 同素性:点的轴测投影仍然是点,直线的轴测投影还是直线;

● 从属性:空间一点属于某一直线,则点的轴测投影必在该直线的轴测投影上。

● 平行性:凡空间平行直线段其轴测投影仍平行,且伸长与缩短程度相同;若直线段与空间直角坐标系中的某一轴平行,则其轴测投影也与该轴的轴测投影平行,且伸缩变化程度也与该轴伸缩系数相同。

● 实形性:当空间平面图形与轴测投影面平行时,其轴测投影反映实形。

6.2 常见的轴测投影图

轴测投影图的分类

轴测投影按照投射方向与投影面是否垂直,可分为正轴测投影和斜轴测投影两种。

6.2.1 正轴测投影

当投射方向 S 与投影面 P 垂直,而形体长、宽、高三个方向的坐标轴与投影面倾斜,所得图形称为正轴测投影,如图6-2(a)所示。

在正轴测投影中,按形体自身的直角坐标系中的各坐标轴与投影面倾斜的角度是否相同分为:

正等轴测图,也称为三等正轴测图(三个轴间角及轴向变形系数都相等),即 $p_1 = q_1 = \gamma_1$;

正二等轴测图,也称为二等正轴测投影(任意两个轴间角及轴向变形系数相等),即 $p_1 = q_1 \neq \gamma_1$

正三轴测图,也称为不等正轴测投影(三个轴间角及轴向变形系数都不等),即 $p_1 \neq q_1 \neq \gamma_1$。

6.2.2 斜轴测投影

当投射方向 S 与投影面 P 倾斜,而形体两个方向的坐标轴与投影面平行,所得图形称为斜轴测投影,如图6-2(b)所示。

在斜轴测投影中按形体自身的直角坐标系中的各坐标轴与投影面倾斜的角度是否相同分为:

三等斜轴测投影,即 $p_1 = q_1 = \gamma_1$;

二等斜轴测投影,即 $p_1 = q_1 \neq \gamma_1$;

不等斜轴测投影,即 $p_1 \neq q_1 \neq \gamma_1$。

考虑作图的方便与最后要达到的效果,工程上常用的是正等轴测图、二等斜轴测图。

6.3 正等轴测图

通过学习,掌握正等轴测投影图的画法,理解圆的正等轴测投影图的画法。

6.3.1 正等轴测图轴间角与轴向伸缩系数

工程上常用的正等轴测投影中,三条轴测轴之间的夹角均为

120°，画图是取 O_1Z_1 轴为铅垂方向，这样 O_1X_1 轴与 O_1Y_1 轴均与水平线成 30° 角；三个轴的轴向伸缩系数均相等，即 $p_1=q_1=\gamma_1=0.82$。为作图方便，常采用简化系数，即 $p_1=q_1=\gamma_1=1$，三等正轴测投影轴间角画法及伸缩系数，如图 6-4 所示。

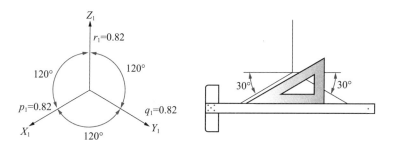

图 6-4 三等正轴测投影轴间角画法及伸缩系数

图 6-5（a）是长方体的三面投影图，图 6-5（b）、（c）是分别用轴向变形系数与简化变形系数画出的该长方体三等正轴测投影，从图中看出长方体的形状没有变化，只是图形放大了 1.22 倍。

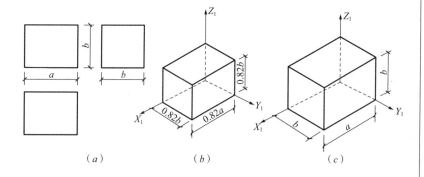

图 6-5 长方体的正等轴测投影图
(a) 长方体的三面投影图；
(b) 用 $p_1=q_1=r_1=0.82$ 作图；
(c) 用 $p_1=q_1=r_1=1$ 作图

6.3.2 轴测投影图的画法

轴测图常用的画法有坐标法、叠加法、切割法。

轴测投影图画图步骤：

● 根据形体的构成特点给出或选取画何种轴测图；

● 在形体内选定一直角坐标，确定形体在坐标体系中的位置。一般取在形体的对称轴线上，且放在顶面或底面；

● 画轴测轴；

● 按点的坐标作点，直线的轴测图，按照轴测投影的基本性质逐步作图，不可见棱线不画。

● 检查底稿，加深轮廓线，擦去辅助线，完成轴测图。

1. 坐标法

坐标法就是根据点的投影画出其轴测投影，再将各点的轴测投影依次相连完成立体的轴测投影图。

◆【例6-1】根据所给的六棱锥正投影图,画出它的三等正轴测投影图,如图6-6(a)所示。

分析与作图:

由正投影图可知,正六棱柱的上、下底面均为水平面,在轴测图中,顶面可见,底面不可见,宜将坐标原点与顶面的正六边形中心重合,作图步骤如下:

(1) 在正投影图上确定坐标,如图6-6(a)所示;

(2) 作轴测轴 O_1X_1、O_1Y_1、O_1Z_1 如图6-6(b)所示;

(3) 作点 A、D、Ⅰ、Ⅱ:沿 O_1X_1 量取 M,沿 O_1Y_1 量取 S,得到点 A_1、D_1、I_1、II_1,如图6-6(c)所示;

(4) 作点 B、C、E、F:过 I_1、II_1 两点作 O_1X_1 轴的平行线,并量取 L,得点 B_1、C_1、E_1、F_1,依次连接,完成顶面轴测图,如图6-6(d)所示;

(5) 完成全图:过 A_1、B_1、C_1、D_1、E_1、F_1 各点向下做垂线平行于 O_1Z_1,分别截取棱线的高为 H,定出底面上的点,依次连接线,擦去作图线,完成作图,如图6-6(e)所示。

2. 叠加法

对于叠加型组合体,画轴测投影图时,可按其构成的顺序依次逐个画出每一形体的轴测图,最后完成整个形体的轴测投影图,这种画法叫叠加法。

◆【例6-2】根据所给的正投影图,采用叠加法画出它的三等正轴测投影图,如图6-7(a)所示。

图6-6 作正六棱柱的三等轴测投影图

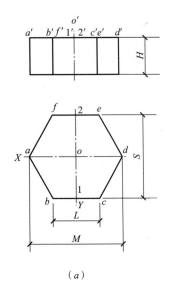

(a)

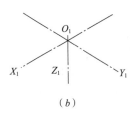

(b)

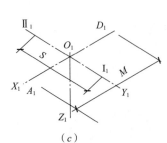

(c)

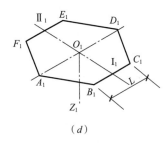

(d)

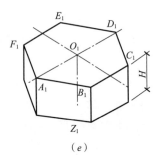

(e)

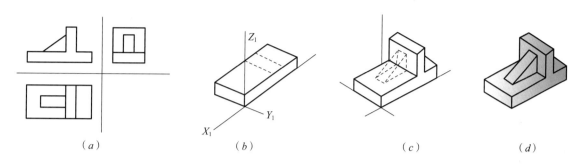

(a) (b) (c) (d)

作图步骤如图 6-7 所示。

3. 切割法

对于切割型组合体可采用切割法画轴测投影图。作图时先画出整体，再依次切去多余部分逐步完成作图，这种方法称为切割法。

◆【例 6-3】根据所给的正投影图，用切割法画出它的三等正轴测投影图，如图 6-8（a）所示。

图 6-7 叠加法作三等正轴测投影图

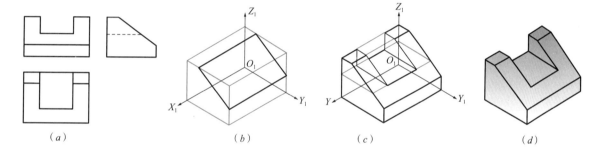

(a) (b) (c) (d)

分析与作图：

由正投影图可知，该形体是由一长方体切去前上角后，再将中间开槽而成，作图步骤如下：

（1）画轴测轴。

（2）画投影中的长方体长、宽、高，并按侧面投影轮廓切去长方体右上角，如图 6-8（b）所示。

（3）根据正投影轮廓切去中间凹槽，如图 6-8（c）所示。

（4）擦去多余线，完成轴测图，如图 6-8（d）所示。

图 6-8 切割法作轴测图
(a) 正投影图；
(b) 定轴及变形系数画长方体并切去前上角；
(c) 切去中间凹槽；
(d) 完成整个切割体轴测图

6.3.3 平行坐标面圆的轴测图画法

1. 圆的画法

在轴测投影中，除斜轴测投影有一个面不发生变形外，一般情况下正方形的轴测投影都成了平行四边形，圆的轴测投影成了椭圆，如图 6-9 所示。图 6-10 为一正方体表面上三个内切圆的正等测椭圆。

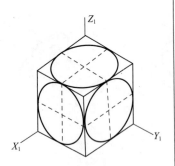

图 6-9 平行于投影面的圆的轴测投影图

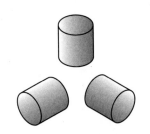

图 6-10 三个方向圆柱的正等测

在正等轴测图中的椭圆采用近似画法,即菱形法作图也叫四心圆法。现以水平圆的正轴测投影图为例说明作图方法。

已知直径为 d 的水平圆,如图 6-11（a）所示,其正等轴测图画法如下:

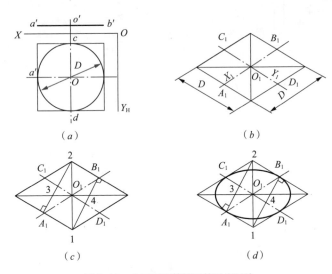

图 6-11 水平圆正等轴测的近似画法

(1) 以圆心 O 为坐标原点,中心线 $ab = cd = D$（直径）, $ab // OX$, $cd // OY_H$,并作外切正方形。

(2) 画出圆的外切正方形的正等轴测图,过圆心 O_1 作 X_1、Y_1 轴的平行线,相交成菱形,并找出外切正方形四个切点 A_1、B_1、C_1、D_1,菱形的对角线分别为椭圆长、短轴位置,如图 6-11（b）所示。

(3) 菱形短对角线端点为 1、2,连 $1B_1$、$2A_1$ 交长轴于 3、4 两点,则 1、2、3、4 即为四圆弧的圆心,如图 6-11（c）所示。

(4) 分别以 1、2 为圆心,以 $1B_1$（或 $2A_1$）为半径,画大圆弧 B_1C_1、A_1D_1;以 3、4 为圆心,以 $3A_1$（或 $4B_1$）为半径画小圆弧 A_1C_1、B_1D_1,完成椭圆。

2. 圆角的画法

圆角是圆的四分之一,正等轴测图的画法与圆的正等测投影画法相同,即先作出对应的四分之一的菱形,再画出近似圆弧。图 6-12 为水平圆的正轴测投影作图步骤。

水平圆的正轴测投影作图步骤:

(1) 在正投影图中做切线标出切点 a、b、c、d,如图 6-12（a）所示。

(2) 画方角的正等测,如图 6-12（b）所示;

(3) 画圆角的正等测:过切点 A_1、B_1、C_1、D_1 分别作对应边的垂线,

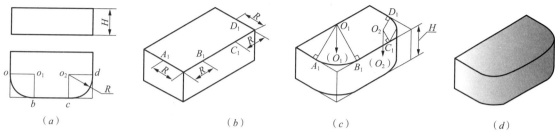

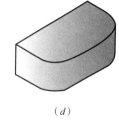

两垂线的交点 O_1、O_2 为近似圆的圆心。分别以 O_1A_1、O_2C_1 为半径画弧得切点，再将切点、圆心都平行下移板厚距离 H，以顶面相同的半径画弧，如图 6-12（c）所示。

图 6-12　圆角的画法

（4）擦去多余线条，完成轴测图，如图 6-12（d）所示。

◆【例 6-4】根据所给形体的正投影图，画出它的三等正轴测投影图，如图 6-13（a）所示。

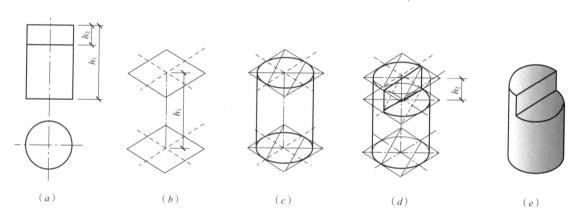

作法：

（1）画圆柱体底面圆的外切正方形的正等测图，如图 6-13（b）所示。

（2）画圆柱体的椭圆，如图 6-13（c）所示。

（3）作切口处半圆的正等测，并画出有关的轮廓线，如图 6-13（d）所示。

（4）检查底稿，加深轮廓线，擦去辅助线，完成轴测图，如图 6-13（e）所示。

图 6-13　圆柱切口三等正轴测投影图

6.4　斜轴测投影图

通过学习，掌握斜轴测投影图的正面斜轴测投影图和水平斜轴测投影图的画法。

斜轴测投影图的主要特点是，在轴测图中有一个面保持原形，另外两个面产生变形。这种轴测图多用在有曲面的形体上，使曲面部位的曲线画成原形，减少作图繁琐。这种轴测图也分为三种情况，即：正面斜轴测、水平斜轴测和侧面斜轴测，如图6-14所示。

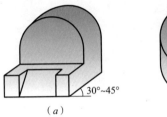

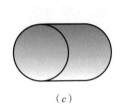

图6-14 斜轴测图
(a) 正面斜轴测；
(b) 水平斜轴测；
(c) 侧面斜轴测

6.4.1 正面斜轴测

当空间形体的正面平行于正投影面，并且以该正平面作为轴测投影面时，所得到的轴测图称为正面斜轴测图，如图6-15（a）所示。

空间形体的坐标轴 OX、OZ 平行于轴测投影面，其投影不发生变形，即 $p_1=\gamma_1=1$，轴测轴之间的夹角为 $90°$；坐标轴 OY 与轴测投影面垂直，投影方向 S 是倾斜的，OY 轴的投影也是一条倾斜线，与轴测轴 O_1X_1 或水平线的夹角，一般取 $45°$，也可取 $30°$、$60°$，O_1Y_1 的方向可根据作图需要选择，伸缩系数取 $q_1=0.5$，如图6-15（b）、（c）所示。

◆【例6-5】根据台阶的正投影图，用坐标法画出它的正面斜轴测投影图，如图6-16（a）所示。

作图步骤：

（1）选坐标原点，如图6-16（a）所示。

（2）画轴测轴，将台阶的 V 面投影画在轴测轴上，图形不变，如图6-16（b）所示。

图6-15 正面斜轴测图的形成与轴测轴的画法

（3）过台阶各转折点作 O_1Y_1 轴的平行线，然后分别在斜线上量

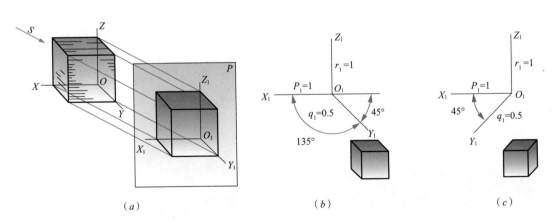

单元 6 轴测投影

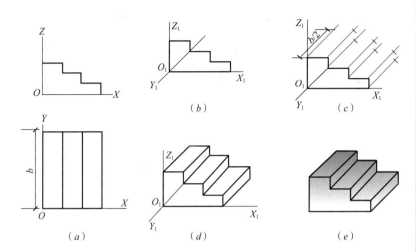

图 6-16 用坐标法作二等正面斜轴测投影图

取图 6-16（a）中 Y 轴的轴线段上长度 b 的 1/2，并连接各点，如图 6-16（c）、（d）所示。

（4）擦去轴测轴，加深图线即可的台阶的正面斜轴测投影图，如图 6-16（e）所示。

◆【例 6-6】根据所给形体的正投影图，画出它的二等正面斜轴测投影图，如图 6-17（a）所示。

分析与作图：

从正投影图可知，形体由三部分叠加而成，其正立面部分为曲面，正好与二等正面斜轴测轴 O_1X_1、O_1Z_1 所形成的平面平行，因此

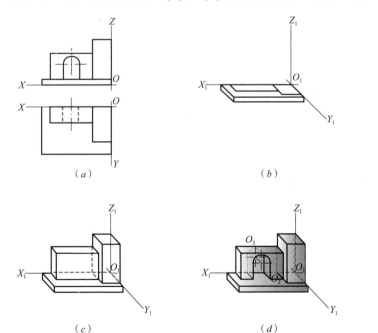

图 6-17 形体的二等正面斜轴测投影图
（a）已知条件；（b）画结合平面的轴测图及底板轴测图；（c）画底板上部长方体轴测图；（d）定后立面圆心 O_2、O_3 并画圆的轴测图

113

在此面上反映实形。

作法：

（1）选坐标原点，如图 6-17（a）所示。

（2）画轴测轴，并完成底部形体，如图 6-17（b）所示。

（3）定立面圆心，并画前立面，如图 6-17（c）所示。

（4）平移圆心，画形体立面后半圆并画出左侧立板，完成整体轴测图，如图 6-17（d）所示。

6.4.2 水平斜轴测图

当空间形体的水平面平行于水平投影面，并且以该水平面作为轴测投影面时，所得到的轴测图称为水平斜轴测图，如图 6-18 所示。

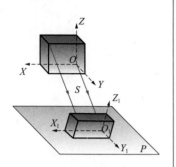

图 6-18 水平斜轴测的形成

空间形体的坐标轴 OX、OY 平行于水平的轴测投影面，其投影不发生变形，即 $p_1=q_1=1$，轴测轴之间的夹角为 $90°$；坐标轴 OZ 与轴测投影面垂直，投影方向 S 是倾斜的，OZ 轴的投影也是一条倾斜线，但习惯上仍将 O_1Z_1 画成铅垂线，而将 O_1X_1 和 O_1Y_1 偏转一个角度 $45°$、$30°$ 和 $60°$。伸缩系数 γ_1 应小于 1，但为简化作图，通常取 $\gamma_1=1$，如图 6-19 所示。

水平斜轴测投影图多用在小区规划或室内布置上，如图 6-20 所示。

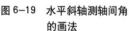

图 6-19 水平斜轴测轴间角的画法
(a) O_1Z_1 轴与水平成 $60°$ 角；
(b) O_1Z_1 轴与水平成垂直

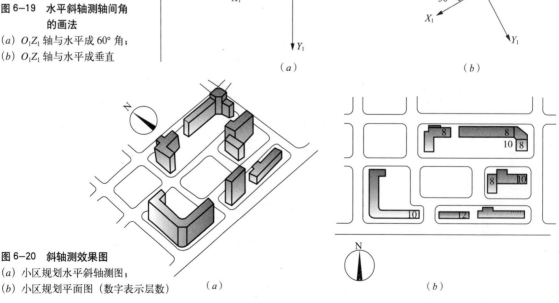

图 6-20 斜轴测效果图
(a) 小区规划水平斜轴测图；
(b) 小区规划平面图（数字表示层数）

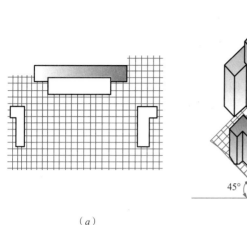
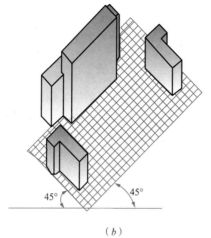

(a)　　　　　　　　　　(b)

图 6-21　建筑群的水平斜轴测
　　　　投影图
(a) 建筑平面图；
(b) 水平斜等轴测

◆【例 6-7】如图 6-21 (a) 所示。根据所给建筑群的平面布置图，画出它水平斜轴测投影图。

分析与作图：

为方便作图，可将已给的建筑群的平面布置图旋转一个角度，图中旋转 45°，然后过平面图各顶点按层高升高，如图 6-21 所示。

单元小结

- 轴测投影是将形体及直角坐标系，沿不平行于任一坐标面的方向，用平行投影法将其投射在单一投影面上，所得到的图形称为轴测投影或轴测图。

- 轴测投影按照投射方向与投影面是否垂直可分为正轴测投影和斜轴测投影两种：当投射方向 S 与投影面 P 垂直，而形体长、宽、高三个方向的坐标轴与投影面倾斜，所得图形称为正轴测投影；当投射方向 S 与投影面 P 倾斜，而形体两个方向的坐标轴与投影面平行，所得图形称为斜轴测投影。

  - 轴测投影的基本性质：同素性、从属性、平行性、实形性。
  - 轴测投影图画图步骤：

  根据形体的构成特点给出或选取画何种轴测图；在形体内选定一直角坐标；画轴测轴；按点的坐标作点，直线的轴测图，按照轴测投影的基本性质逐步作图；检查底稿，加深轮廓线，擦去辅助线，完成轴测图。

  - 画轴测图常用的作法有坐标法、叠加法、切割法。

练习与训练

1. 学生画出三棱柱、四棱台、圆柱、圆锥的轴测投影图。

2. 给学生提供组合体的三面投影图,分析其形体特征,画出常见形体的轴测图。

3. 学生画出自己家中一种家具的轴测投影图;画出自己卧室内家具布置轴测图,家具可用简单几何体代替。

单元 7
剖面图与断面图

顾名思义，剖面图、断面图就是将物体剖切、截断后所得到的投影视图。

切开西瓜，露出西瓜瓤和西瓜子；切开橙子，露出果肉；掰开石榴，露出石榴籽。它们的投影就是剖面图和断面图。

- 为什么要绘制剖面图、断面图呢？
- 如何将建筑或建筑构件剖切和截断呢？
- 建筑剖面图、断面图如何识读、绘制呢？

下面我们将带着这些问题一起学习，去寻找答案。

7.1 为什么要绘制剖面图、断面图呢？

前面单元学习的是物体在自然状态下的投影，这种投影具有直观和形象的特点，日常生活中的照片就是典型的直观投影（图7-1）。

但是，直观投影往往只能表现物体的外观形象，不能对其内部进行描述（我们不可能透过瓜皮看到瓜瓤），具有很大的局限性。与物体自然状态下的投影相比，物体内部投影表现的信息更为丰富，而且相对陌生，这些往往是我们迫切需要了解的。

如何得到物体内部的投影呢？

解决这个问题，有两个途径：

一种是用特殊的光线穿透物体表面（如X光），进而获得物体内部的投影，如安检中使用的X光检测仪器（图7-2）；

另一种是把物体在事先设计好的部位剖开，以便直接看到物体内部，前面讲的例子使用的就是这种方法。建筑制图中使用的方法也是这种。

想一想：
前面学过，你还记得吗？

建筑图的投影规则和制图标准规定：物体可见轮廓线的投影用实线表示，不可见轮廓线的投影用虚线表示。

图7-1　物体直观投影

图7-2　物体在X光仪器下影像

绝大多数建筑是典型的中空物体，而且内部空间的变化非常复杂，这些往往使投影图中出现较多的虚线，而且纵横交错、实虚交错，导致投影图的内容不清晰，给绘图、读图带来相当的困难。在这种情况下，就需要用剖面图和断面图来清晰、简明、准确地表达中空物体真实形状的内部投影。

7.2 如何将建筑或建筑构件剖切和截断呢？

绝大多数建筑是通过完整的内部空间来实现其使用功能的。在大多数情况下，建筑在建造过程中及投入使用以后，都不会出现被剖开或截断的情况，不可能像切西瓜一样将其切开或截断，因此建筑的剖切和截断是通过虚拟剖切面来实现的。

我们引入一个假想的剖切面，在事先设计好的部位把物体剖开来获取该部位信息，这种投影图就称为剖面图、断面图。

7.3 剖面图

通过学习，掌握剖面图的投影特点与规则，了解剖切符号的含义和应用。具有根据中空物体的实际情况来确定剖切面位置、数量、剖切方式，绘制剖面图的能力，能够熟练地识读剖面图。

7.3.1 剖面图的概念

剖面图：

为了更加清晰的反映中空物体内部的真实状况，用一个假想的剖切平面（P）在事先设计好的部位剖开物体，然后将位于观察者和剖切平面之间的物体移去，而将其余部分向投影面投射，所得的投影图称为剖面图。

如图 7-3 所示，假想用一个通过杯形基础前后对称面的平面（P）将基础剖开，把（P）平面前面的部分基础移开，将剩余的部分基础向 V 面进行投影，这样得到的正视图也就是基础的剖面

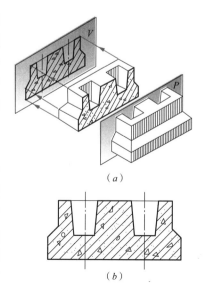

图 7-3 杯形基础剖面图
(a) 假想用剖切平面 P 剖开基础并向 V 面投影；(b) 基础的 V 向剖面图

图。独立杯形基础被剖切后，其杯口原来不可见的部分就变为可见部分，用粗实线表示剖开基础的平面（P）称为剖切平面。

通常情况下，可以把与剖切平面（P）接触的物体用相应的材料图例表示，这样可以显得更为直观和具体。

7.3.2 剖面图的画法

1. 剖切位置

剖面图的关键在于"剖"字上，不同的剖切位置会产生不同的剖切效果，传递的信息也有较大差异。因此，合理的选择剖切位置是绘制剖面图的一项十分重要的基础工作。

选择能够完整地反映物体内部结构的部位进行剖切，是确定剖切位置的基本原则。当物体是对称形状时，一般选在对称面上或通过孔洞（如建筑的门窗洞口）进行剖切，并且使剖切面平行某一投影面，如图7-4所示。若想把正面投影画成剖面图，应选平行于 V 面的前后对称面 P 作为剖切平面；若想把侧面投影画成剖面图，则应选平行于 W 面的左右对称面 R 作为剖切平面。这样能使剖切后的图形完整，并反映物体的实形。

剖切面是虚拟的，实际上并没有把物体真正的剖切开，这需要有一定的空间想象力，是识图要具备的基本素质之一，采用剖切画法的视图与完整的表示视图的其他各种画法并不矛盾。当同一物体需要用几个剖面图才能表示清楚时，可以在物体的不同部位进行几次剖切，从而得到不同位置的剖面图。但每一次剖切前都应按整个物体进行考虑。

2. 剖切符号的运用

当物体内部情况比较复杂时，在不同位置的剖切面上，所得到的剖面图也不同，一般需要利用几个剖切面才能够完整地反映出建筑内部的全面情况。这时如果没有统一的标记方式，就会在不同的剖面图之间发生混淆。因此，画剖面图时，必须用剖切符号标明剖切位置和投射方向，并予以编号。

剖切符号的规定：

剖面图的剖切符号由剖切位置线及投射方向线组成，二者均应以粗实线绘制，并相互垂直交叉。基

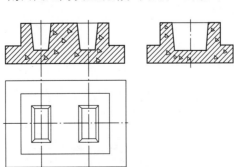

图7-4 剖切平面的选择

本要求如下：
- 剖切位置线用来表示剖切面的位置，其长度一般为 6～10mm。
- 投射方向线表示剖视方向，应垂直于剖切位置线，长度也比剖切位置线稍短，一般为 4～6mm。
- 剖切符号不应与其他的有效图线相接触。
- 剖切符号宜采用阿拉伯数字进行编号，顺序为由左至右，由下至上连续编排，并应注写在投射方向线的端部。
- 需要转折的剖切位置线应相互垂直，其长度与投射方向线相同，同时应在转角的外侧加注与该符号相同的编号，如图 7-5 所示。

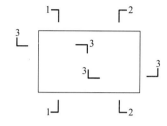

图 7-5　剖切符号及编号

3. 画剖面图应注意的有关问题

画剖面图应注意的问题有：
- 剖切面与物体接触部分（也就是物体被剖到的部分）的轮廓线用粗实线表示，当图示比例大于 1∶50 时，应当在该轮廓线围合的图形内画上表示材料类型的图例。
- 对剖切平面没有剖切到、但沿投射方向可以看见部分的轮廓线都必须用中粗实线画出，不得遗漏（这也是剖面图与断面图的根本区别）。图 7-6 所示为几种常见孔槽的剖面图的画法，图中加"○"的线是初学者容易漏画的。
- 剖面图中一般不画虚线，但如果画少量的虚线就能减少剖面图的数量，而且所加虚线对剖面图清晰程度的影响也不大时，可以在剖面图的局部加画虚线。

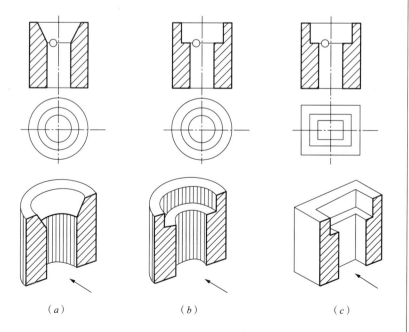

（a）　　　　　（b）　　　　　（c）

图 7-6　剖面图容易漏画的部位

- 剖面图的名称应与剖切符号的编号相一致，如"1—1"剖面图、"2—2"剖面图。

4. 几种常用的剖切方法

绘制剖面图的目的是为了更加清晰地表示物体内部的轮廓。因此剖面图的数量与物体内部的具体状况有关，所以不同物体剖面图的数量、剖切方式和简繁程度差异较大，不能一概而论。

常用的剖切方法有：用一个剖切面剖切、用两个或两个以上相互平行的剖切平面剖切、局部剖切、分层剖切等。

（1）用一个剖切平面剖切

当物体内部的形状比较简单时，可以采用这种剖切方法。适用于用一个剖切平面进行剖切后，就能把内部形状表示清楚的物体。

图 7-7 所示为一台阶剖面图，剖切面 1-1 将平面剖切后，台阶和侧板的内部形状就表示的非常清楚了。

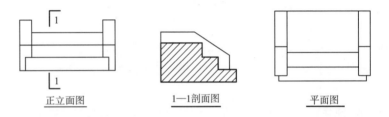

图 7—7　台阶剖面图

（2）用两个或两个以上互相平行的剖切平面剖切

当物体内部结构比较复杂时，用一个剖切平面进行剖切往往不能将物体内部的形状全部显示出来，这时可用两个或两个以上相互平行的剖切平面进行剖切，通常称为阶梯剖面图（图 7-8）。

阶梯剖面图适用于在同一个剖面图中表达物体相互平行的不同层面上的内部结构。几个互相平行的平面可以看成将一个剖切平面转折成 2 个互相平行的平面。因此，要选择正确的剖切平面位置和转折位置，避免由于位置不当造成无法完整体现整体结构的情况。

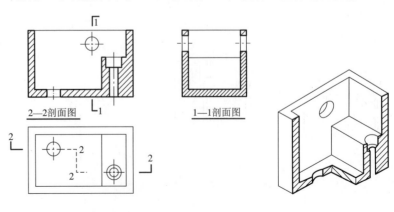

图 7—8　阶梯剖面图

绘制阶梯剖面图应当特别注意以下两个问题：

● 在选择阶梯剖面时，为使转折的剖切位置线不与其他图线发生混淆，应在转折处的外侧加注与该符号相同的编号。

● 画剖面图时，应将几个平行的剖切平面视为一个剖切平面。在图中，不能画出平行的剖切平面所剖到的两个断面在转折处的分界线。

● 两个相交剖切面的剖切，其剖切面的交线应垂直于某一投影面，其中，应有一个剖切平面平行于投影面。画剖面图时，先将不平行投影面部分，绕其两剖切平面的交线，旋转至与投影面平行，然后再投影。用此法剖切，应在图名后注明"展开"字样，并用括号括起，以区别图名，如图7-9所示。

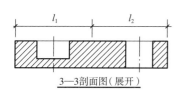 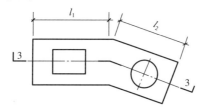

图 7-9　展开剖面图

（3）对物体进行局部剖切

用剖切平面把物体局部剖开所得的剖面图称为局部剖面图（图7-10）。通常局部剖面图画在物体的平面投影图内，且用细的波浪线将其与其他部分分开。波浪线表示物体断裂处的边界线的投影，因而波浪线应画在物体的实体部分，非实体部分（如孔洞处）不能画，同时也不得与轮廓线重合。

因局部剖面图就画在物体的视图内，所以不必标注剖切位置和视线方向。

（4）分层剖面图

这种剖切方式与局部剖面图有许多相似之处，它是用几个互相平行的剖切平面分别将物体局部剖开，把几个局部剖面图重叠画在一个投影图上，并用波浪线将各层的投影分开所得到的剖面图，称为分层剖面图。分层剖面图具有直观、形象的特点。辅助以必要的文字说明，可以清晰的表达物体各层不同的构造做法。图7-11是分层剖面图的举例。

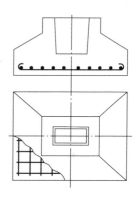

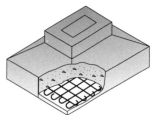

图 7-10　局部剖面图

7.4　断面图

通过学习，掌握断面图的投影特点与规则。掌握能够根据物体的实际情况绘制断面图的能力，能够熟练地识读断面图。

学习目标

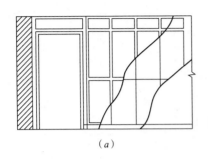
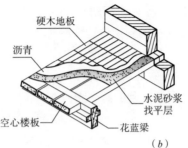
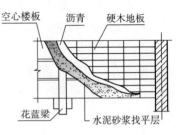

图 7-11 分层剖面图的举例
(a) 墙面分层剖面图；
(b) 地面分层剖面图

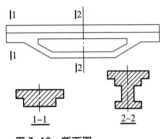

图 7-12 断面图

7.4.1 断面图的概念

断面图：

用平行投影面的假想剖切平面将物体在预想的位置切断，仅画出该剖切面与物体接触部分的图形，并在该图形内画上相应的材料图例，这样的图形称为断面图（图7-12）。

断面图也是建筑工程图中经常采用的一种投影方法，特别是在绘制结构构件和设备零部件图时应用得十分普遍。

断面图与剖面图在投影形成方面有许多的相同之处，同时也有自己的特点，主要有以下几个方面：

● 断面图具有图面简洁明确的特点：断面图只需绘出物体与剖切面接触部位的截面投影，不反映通过剖切面能够看到的物体投影；而剖面图除了要画出剖切面与物体接触部位的投影之外，还要画出通过剖切后可以看到的物体剩余部分的投影。

● 剖切方式简单：根据物体的具体情况，剖面图往往采用多种剖切形式，而断面图一般只使用单一剖切平面这一种形式。

● 剖切的目的不同：剖面图的目的主要是为了表达物体的内部形状和结构，而断面图的目的则常用来表达物体中某一局部的断面形状。

图 7-13 是断面图与剖面图的比较。

7.4.2 断面图的画法

1. 剖切平面位置及剖切符号

（1）断面图的剖切平面的位置可以根据需要在物体中任意选定，同一物体可以在不同位置作几个断面。

（2）断面图的剖切符号仅用剖切位置线表示，剖切位置线用粗实线绘制，长度约 6～10mm。

（3）断面图剖切符号宜采用阿拉伯数字进行编号，按顺序连续

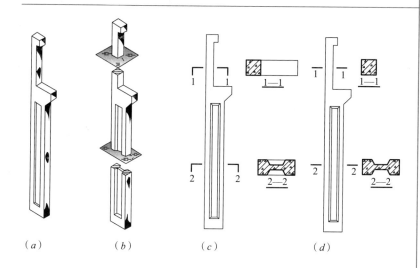

(a)　　　　(b)　　　　(c)　　　　(d)

图 7-13　断面图与剖面图的比较
(a) 排架柱；(b) 剖开后的排架柱；
(c) 剖面图；(d) 断面图

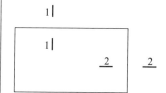

图 7-14　断面图的剖切符号

编排，并注写在剖切位置线的一侧。编号所在的一侧同时代表该断面图的剖视方向（图 7-14）。

2. 断面图的画法

根据物体的具体情况，可以选择不同的断面图画法。断面图的画法主要有：移出断面图、中断断面图、重合断面图三种。

（1）移出断面图

在选定剖切面之后，将得到的断面图画在物体投影轮廓线之外，称为移出断面图。为了便于对应查看，移出的断面应尽量画在剖切位置线附近。断面图的轮廓线用粗实线表示，当图面比例在 1∶50 以下时，应当在该轮廓线围合的图形内画出表示材料类型的图例，如图 7-13（d）所示。

（2）中断断面图

这种画法适用于外形简单细长的杆件（如钢屋架）。在选定剖切面之后，将断面图画在同一杆件的中间断口处，称为中断断面图。中断断面图实际也是移出断面图，只不过移出的断面仍在物体的平面。中断断面图内不需要标注剖切位置线，也不用编号（图 7-15）。

（3）重合断面图

在选定剖切面之后，把断面图直接画在形体的投影图上，称为重合断面图，如图 7-16（a）所示。重合断面图一般不需要标注剖切位置线，也不用编号。当投影图中的轮廓线与重合断面轮廓线重合时，投影图的轮廓线应连续画出，不能中断。重合断面图的轮廓线用粗实线表示。重合断面图常用来表示结构平面布置图中梁、板断面及屋面、墙面的形状，如图 7-16（b）所示。

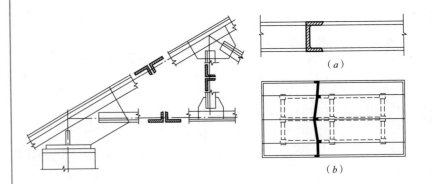

图 7-15 中断断面图（左）
图 7-16 重合断面图（右）
(a) 槽钢断面图；
(b) 钢筋混凝土屋盖断面图

单元小结

- 剖面图和断面图是一种虚拟的剖切投影，其目的是为了清晰、准确的表达物体的内部及外部轮廓。
- 剖面图和断面图剖切位置、剖视方向和方式的选择，对投影的实效性影响极大。
- 剖面图和断面图剖切部位的线条和材料图例的运用要符合国家制图标准的规定。
- 剖面图和断面图的差异主要在于应用范围、剖切符号和表示方式。
- 能够熟练地识读剖面图和断面图，是识图水平提升的标志之一，也是今后识读建筑工程图的必备条件之一。

练习与训练

1. 学生自己收集一个包装盒，度量并按一定比例绘制三视图，然后用锯或刀把包装盒在预先设计好的部位剖开，按照剖面图的投影规则绘制剖面图，比较三视图与剖面图的异同。

2. 把一个实心水果（如苹果、西瓜等）按照阶梯剖面图的绘制规则剖开，观察其剩余部分，体会转折处的表现方式。

3. 学生自己收集一个聚苯板包装骨架（断面要有变化），然后用锯或刀截断，绘制同一位置的剖面图和断面图，并进行比较。

4. 给学生提供坡屋顶建筑的屋顶平面图、剖面图，根据剖面图的尺寸和坡度，在屋顶平面图上绘制重合断面图。

单元 8
建筑工程图识读概述

通过前面的学习，我们已经掌握了有关投影的规则，已经能够绘制和认知点、线、面、体的投影，还基本掌握了剖面图的有关问题。从本单元开始，我们将要面对一项既与前面的学习有关联，又有自身特殊要求的学习任务——工程图的识读。只有完成了这项任务，我们才实现了课程的教学目标。

我们的问题：

- 建筑工程图的设计是分阶段进行的吗？图纸有没有分类？
- 图例和符号是什么？
- 既然建筑设计是个体的，为什么还要有标准图集呢？
- 什么是模数？什么是定位轴线？

这些问题将在本单元中得到解决。

8.1 建筑工程图的设计过程和组成

8.1.1 建筑工程图的设计过程

房屋建筑设计是一项涉及专业较多、与环境关系紧密、受当地材料生产和施工技术水平制约程度较大、系统性很强的生产过程。建筑工程的设计是由专业设计单位承担的，为了准确体现建设单位的意图并为施工创造良好的基础条件，设计人员应在充分调查研究，领会有关政策精神和规范要求的基础上，遵循工程设计的客观规律，合理地解决建筑的功能、技术、美观、经济及环境等诸多方面的问题。

作为施工企业的技术人员，在建造房屋的过程中要经常与设计人员相互沟通与配合，因此了解设计的基本程序，对掌握识图能力，更好地从事本岗位工作是非常必要的。

我国现阶段建筑工程设计一般分为以下两个阶段：

1. 设计之前的准备工作

(1) 熟悉设计任务书和有关的技术文件

设计任务书相当于订货单，是由建设单位（投资方，俗称甲方）提出的，一般包括以下内容：

1) 建设目的和意图；
2) 建筑功能、面积指标、房间的布局计划，建筑设备及装修标准；
3) 水、暖、电气等外网工程的基础条件和技术要求；
4) 建筑的艺术形象和风格要求；
5) 总投资的限额；
6) 设计进程和时限的具体要求等。

设计人员要仔细研究设计任务书的内容，准确地领会其内涵，并根据国家有关政策、规范和标准的规定，结合工程的具体情况，对设计任务书提出合理的修改意见及补充方案。

建设工程一般需要得到有关管理部门的批准后方可着手开展各项工作。

（2）搜集设计所需的资料和数据

需要搜集的资料和数据主要包括：

1）地形和地质资料（主要有地形地貌、地基情况、地下水位、地震设防标准等）；气象资料（主要有温度、湿度、雨雪、主导风向和风速、日照等）；

2）市政管线资料（主要有供电、供热、供水、排水、燃气、通信、有线电视等基础设施的容量、分布、走向的具体情况等）；

3）建造场地区域内原有隐蔽工程及相邻建筑的基础情况；

4）工程所在地主要建筑材料和构件的生产及供应情况；

5）与设计有关的指标、数据、标准和技术规定。

（3）进行调查研究

设计人员遇到自己较为生疏的大型或特殊的建筑工程设计任务时，为了能够更多的吸取前人的经验教训，避免走弯路，同时为了掌握当前该类建筑发展的最新动态及工程现场自然环境的具体情况。需要在开始工程设计之前，进行广泛的、脚踏实地的调查研究，搜集第一手资料。

2. 设计工作

目前，我国建筑工程设计是分阶段进行的，一般分为初步设计（方案设计）、技术设计（扩大初步设计）、施工图设计三个阶段。当建筑的规模较小、功能和技术较简单时，也可以把初步设计和技术设计阶段合并为一个阶段。

（1）初步设计阶段

初步设计的中心任务是确定建筑方案，构建房屋的整体空间结构。建筑的设计方案要得到建设单位的认可，同时还要经过有关建设管理部门的批准。

初步设计阶段应当完成的设计文件主要有：总平面图、建筑的各层平面图、主要的剖面图和立面图、建筑的外观效果图或模型；工程概算书、技术经济分析和相关的文字说明。有关的图纸主要注明建筑的空间控制尺寸，这时候的图纸深度还不能满足施工的需要。

初步设计阶段的技术文件相当于"草图"，不提供给施工企业。

目前，建筑效果图已经成为方案阶段必备的设计文件，效果图对施工的指导意义不大，主要是用来向建设单位和规划管理部门展

示设计的立面及建成效果，也可以作为工程的宣传资料。图 8-1 是一别墅立面效果图的举例。

图 8-1　别墅立面效果图

(2) 技术设计阶段

技术设计是把初步设计细化的阶段。这个阶段的中心任务是在建筑专业的主持下，协调建筑专业与结构专业、设备专业之间的技术关系，及时的发现各专业之间的矛盾并妥善处理。

技术设计阶段的设计文件相当于各专业之间的"备忘录"，是供设计单位内部使用的。

(3) 施工图设计阶段

施工图设计是设计工作的最后阶段。这个阶段的中心任务是为施工单位提供具体的施工图纸，这些图纸将作为建造房屋过程中具有法律效力的技术文件。施工图是施工单位进行建筑施工的技术依据，也是监理单位和建筑质量监督部门进行工程监理和监督的依据。

施工图阶段应完成的设计文件主要有：总平面图、建筑的各层平面图、必要的剖面图、所有的立面图、细部构造节点详图、结构布置图、结构详图、设备专业的系统图、布线图和详图，设计说明书、门窗和构件统计表、图纸目录，工程概算书。

设计单位应当按照设计合同的约定时间向建设单位提供施工所需的全套设计文件，一般为 8 套图纸。

设计人员有责任参加图纸的会审和技术交底，还要在施工过程中为建设和施工单位提供有关的技术服务，并及时解决施工中遇到的技术问题。

8.1.2 建筑工程施工图的组成

建筑工程施工图包括建造单体或群体建筑所需的全部设计文件,它主要包括以下几个部分:

1. 建筑专业设计图纸

建筑专业设计负责解决建筑的环境、平面和空间布局、建筑的功能、建筑的体型和立面以及建筑的艺术和风格等重要问题,是一个结合实际和各种周边因素,在满足使用功能的基础上,反复进行论证、选择、判断和协调的过程。

建筑专业设计是展现建筑风采、实现建筑功能和舒适性的关键,是使用者十分关心的。

建筑专业施工图用"建施"或"JS"作为专业分类的标识。

2. 结构专业设计图纸

结构专业设计是建筑工程设计的重要组成部分,主要是根据建筑方案选择安全合理、经济适用、便于实施的结构方案,并进行结构和构件的计算和设计。

结构设计是在建筑设计的框架内进行的,对房屋建筑的安全使用和经济性负有重要的责任。

结构专业施工图用"结施"或"GS"作为专业分类的标识。

3. 设备专业设计图纸

建筑设备专业设计根据建筑的功能不同,参与的专业也会有所差异,通常包括电气照明、采暖通风、建筑给水排水等主要内容。

设备专业的设计也是在建筑设计的框架内进行的,对建筑使用的舒适性和安全性影响较大。

设备专业施工图的分类标识与土建类专业相同,如"暖施"或"NS"表示暖通专业施工图,"电施"或"DS"表示电气专业施工图。

4. 其他设计文件

完整的工程设计一般还要包括工程概算书、设计说明书、计算书等文字资料。这些文字资料有些需要与图纸一起提供给施工和监理单位,有些是供设计监督部门和设计单位内部进行设计质量监控所用的。

8.2 制图标准与标准图集

在前面的学习中,我们已经了解了制图标准的部分内容。在这里,将向大家介绍另外一部分内容。

8.2.1 制图标准的作用

我国地域辽阔,各地有不同的方言,这虽然反映了我国文化的丰富和地方特色,但方言的存在,却给不同地域人们的交流带来了一定的困难。如果工程图纸也像方言一样,不同的地方语言各异,将会对工程图这种工程语言的应用带来相当的局限性,甚至会导致工程事故的发生。

制图标准的作用是使工程图纸达到规格统一、线条和图例规范、图面清晰简明,有利于不同单位、不同专业的技术人员进行交流和配合,达到提高绘图效率,保证图面质量的目的。使工程图纸符合工程设计、施工、管理、存档的要求。

国家计划委员会颁布了有关建筑制图的六种国家通用制图标准。这些标准自 2002 年 3 月起开始施行。其中,《房屋建筑制图统一标准》GB/T50001—2001 是所有工程人员在设计、施工、管理中必须严格执行的国家标准,其他专业制图标准是绘制本专业工程图时必须要遵循的国家标准。

8.2.2 常用图例与符号

标识是一种清晰、醒目、直观的信息传递载体,在社会生活中应用极为普遍。图例与符号实际也是一种标识,只不过是用于专业领域。专业人员必须要熟记本专业常用的图例与符号,这是识读工程图必备的条件之一。

通常情况下,图例相对直观,符号则比较抽象。

图例与符号是国家规定的工程语言的重要组成部分,不同的专业,所采用的图例与符号也各不相同。图例和符号在工程图样中发挥着重要的标识作用,会给看图的人以直观、清晰的印象,同时也给绘图人员提供了一种简捷、迅速的绘图手段。

建筑专业工程图主要应用的图例有:建筑材料图例、建筑构造图例。符号的通用性要比图例普遍一些。

1. 常用的建筑材料图例

常用的建筑材料图例在建筑工程图中应用广泛,应当从常见的图例入手,循序渐进,最终要牢牢地记住,并正确的加以应用。表 8-1 是目前常用的建筑材料图例的画法。

2. 构造及配件图例

构造及建筑配件的图例也是建筑工程图重要的组成部分,熟练的认知并准确的运用这些图例是识图和绘图的起码条件。表 8-2 是常见建筑构造和配件的图例。

常用的建筑材料图例

表 8-1

序号	名称	图例	备注
1	自然土壤		包括各种自然土壤
2	夯实土壤		
3	砂、灰土		靠近轮廓线绘较密的点
4	砂砾石、碎砖三合土		
5	石材		
6	毛石		
7	普通砖		包括实心砖、多孔砖、砌块等砌体。断面较窄不易绘出图例线时,可涂红
8	耐火砖		包括耐酸砖等砌体
9	空心砖		指非承重砖砌体
10	饰面砖		包括铺地砖、陶瓷锦砖、人造大理石等
11	焦渣、矿渣		包括与水泥、石灰等混合而成的材料
12	混凝土		1. 本图例指能承重的混凝土及钢筋混凝土; 2. 包括各种强度等级、骨料、外加剂的混凝土; 3. 在剖面图上画出钢筋时,不画图例线; 4. 断面图形小,不易画出图例线时,可涂黑
13	钢筋混凝土		
14	多孔材料		包括水泥珍珠岩、沥青珍珠岩、泡沫混凝土、非承重加气混凝土、软木、蛭石制品等
15	纤维材料		包括矿棉、岩棉、玻璃棉、麻丝、木丝板、纤维板等
16	泡沫塑料材料		包括聚苯乙烯、聚乙烯、聚氨酯等多孔聚合物类材料

续表

序号	名称	图 例	备 注
17	木材	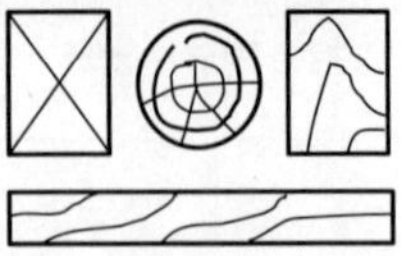	1. 上图为横断面，上左图为垫木、木砖或木龙骨 2. 下图为纵断面
18	胶合板	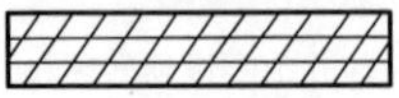	应注明为 × 层胶合板
19	石膏板	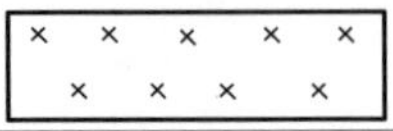	包括圆孔、方孔石膏板、防水石膏板等
20	金属		1. 包括各种金属； 2. 图形小时，可涂黑
21	网状材料		1. 包括金属、塑料网状材料； 2. 应注明具体材料名称
22	液体	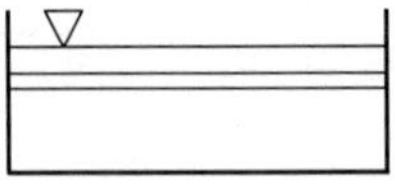	应注明液体名称
23	玻璃	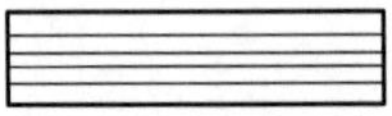	包括平板玻璃、磨砂玻璃、夹丝玻璃、钢化玻璃、中空玻璃、加层玻璃、镀膜玻璃等
24	橡胶		
25	塑料	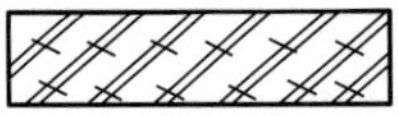	包括各种软、硬塑料及有机玻璃等
26	防水材料		构造层次多或比例大时，采用上面图例
27	粉刷		本图例采用较稀的点

注：序号 1、2、5、7、8、13、14、16、17、18、24、25 图例中的斜线、短斜线、交叉斜线等一律为 45°。

3. 常用的符号

建筑专业工程图的图例往往比较形象和直观，容易记忆，而符号一般比较抽象，需要认真的记忆，并不断的熟悉才行。以下介绍的是建筑专业工程图常用的符号。

（1）标高符号

我们知道，建筑是具有三维空间的立体，平面和竖向均需要进行尺寸控制。标高是用来标注建筑各部位竖向高程的一种符号，是

常见建筑构造和配件的图例　　　　　　　　　　表 8-2

序号	名称	图例	备注
1	楼梯	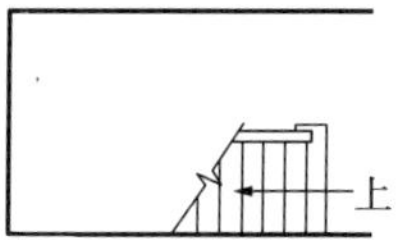 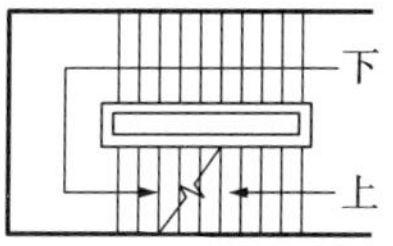 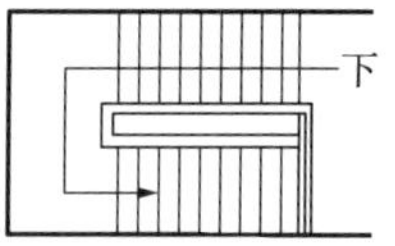	1. 上图为底层楼梯平面，中图为中间层楼梯平面图，下图为顶层楼梯平面图 2. 楼梯和栏杆扶手的形式及踏步数应按实际情况绘制
2	电梯	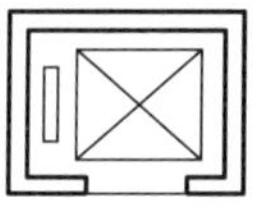	1. 电梯应注明类型 2. 门和平衡锤的位置应按实际情况绘制
3	坡道	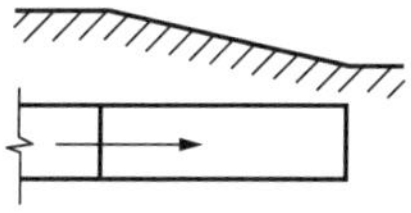	
4	检查孔		左图为可见检查孔，右图为不可见检查孔
5	孔洞		阴影部分可以用涂色代替
6	坑槽		
7	墙预留洞	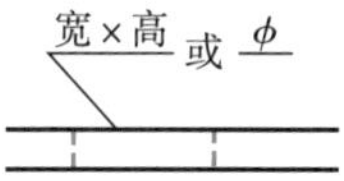	
8	墙预留槽	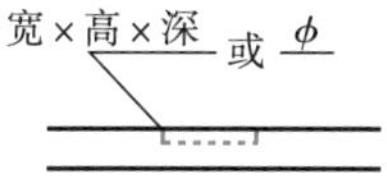	
9	卷门	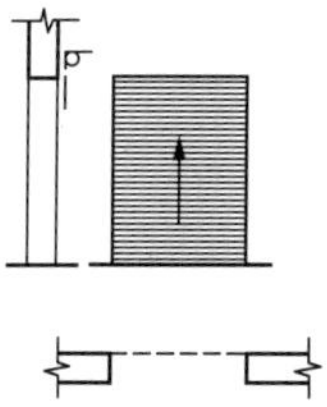	

续表

序号	名称	图 例	备 注
10	单层固定窗	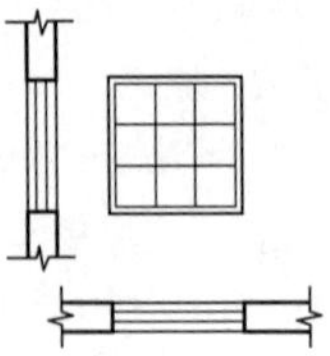	1. 窗的名称代号用 C 表示 2. 立面图中的斜线表示窗的开启方向，实线为外开，虚线为内开，开启方向线交角的一侧为安装铰链的一侧，一般设计图中可不表示 3. 剖面图中，左为外，右为内；平面图中，下为外，上为内 4. 平、剖面图上的虚线仅说明开关方式，在设计图中不需表示 5. 窗的立面形式应按实际情况绘制 （以下窗的说明同上）
11	单层外开上悬窗	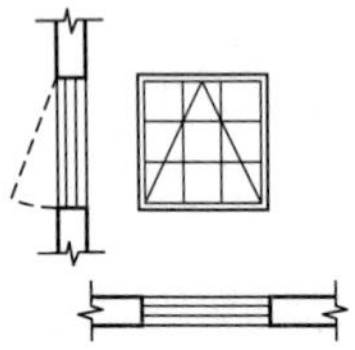	
12	单层中悬窗	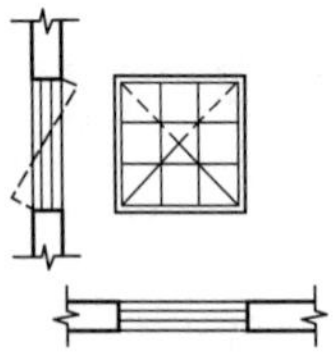	
13	单扇外开平开窗	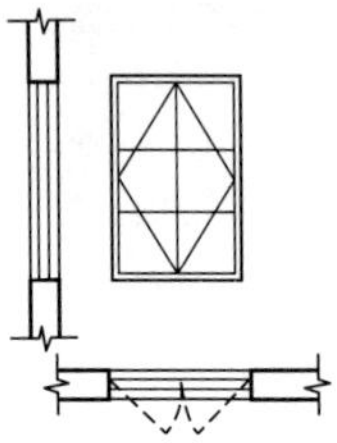	
14	立转窗	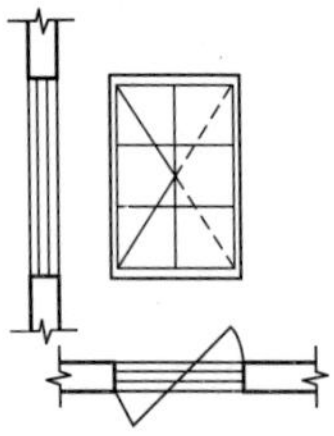	
15	双层内外开平开窗	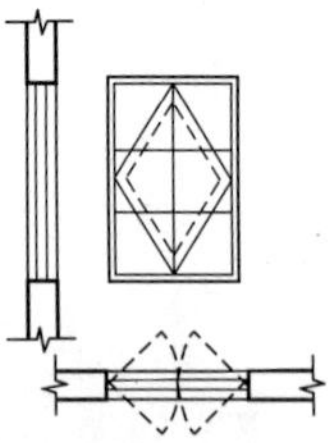	

续表

序号	名称	图 例	备 注
16	左右推拉窗	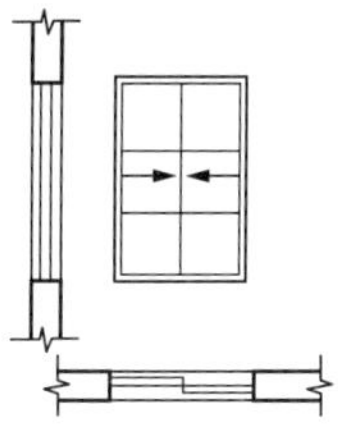	
17	上推窗	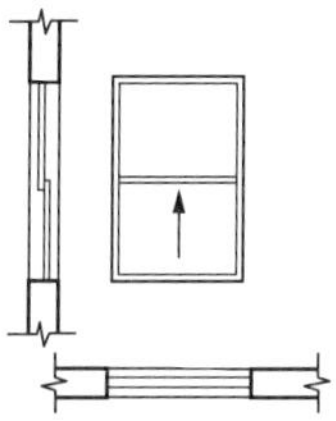	
18	百叶窗	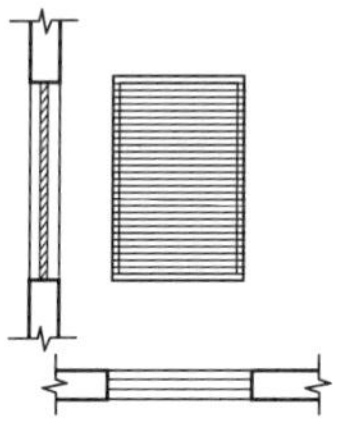	

施工过程中重要的技术参数之一。

标高应以 m 为单位,并要标注到小数点后 3 位(即精确到 mm);只有总平面图的标高可以标注到小数点后 2 位。

标高的基准点用 ±0.000 表示,基准点以上的高程称为正高程,其标高数值前面不标"＋"号;基准点以下的高程称为负高程,其标高数值前面要标"－"号,这与数学正负数的表示方式相同。

根据基准点的不同,标高分为绝对标高和相对标高两种。

1)绝对标高:以我国青岛附近黄海海平面的平均高度为基准点所测定的标高称为绝对标高,一般用于地形图高程的标注。

2)相对标高:以人为确定的基准点所测定的标高称为相对标高。建筑上一般把建筑一层室内地面的高程定为相对标高的基准点,即 ±0.000。一般应当在设计总说明中指出相对标高与绝对标高的关系,这样在施工时可以通过抄平放线导出高程的基准点。相对标高可以避免每个控制高程都是琐碎的数值,便于记忆。

按照制图标准的规定,标高符号用直角等腰三角形表示,并用细实线绘制,如图 8-2(a)所示。如标注位置空间狭小,标注有困难时,也可按图 8-2(b)所示形式绘制。标高符号的具体画法如图 8-2(c)、

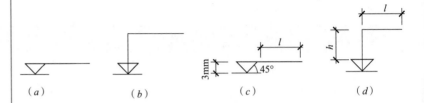

图 8-2 标高符号

(d) 所示，其中 h 的高度应根据图面的具体情况确定，l 的长度一般为 10～15mm，一般向右，也可以向左。

建筑图中有许多部位的做法是相同的，如在详图的同一位置需要表示几个不同标高时，标高数字可按图 8-3 的形式进行注写。

(2) 索引与详图符号

由于建筑图中各部位的尺寸差异较大，有一些细部处理和构造做法比较复杂的部位，需要放大之后才能在图中表示清楚。另外，我国目前制定有大量的国家标准和地方标准的建筑构件及构造的标准图集，可以作为通用做法引入设计当中。索引与详图符号作为引用或查找建筑细部构造做法的标识，在建筑施工图中经常出现。

索引与详图符号的用法见表 8-3。

图 8-3 同一位置表示几个不同标高

索引和详图符号的绘制与标注　　　　　　　　　　　　　表 8-3

项目	图示		说明
索引符号及其编写方法	圆及水平直径线用细实线绘制，圆直径为10mm (a)	上半圆中用阿拉伯数字注明详图编号。下半圆内用阿拉伯数字注明该详图所在图纸的图纸号 (b)	索引符号画法见图 a，索引符号的编写方法见图 b、c、d
	下半圆内画一水平细实线表示被索引的详图与索引部位同在一张图纸内 (c)	索引标准图集的详图，在水平直径的延长线上注写标准图册编号 (d)	
索引剖面详图的表示方法	剖切位置线　引出线 (a) 表示从上向下剖视 (b) 表示从下向上剖视	(c) 表示从左向右剖视 (d) 表示从右向左剖视	索引剖面详图时，应在被剖切部位绘制剖切位置线，并以引出线引出索引符号，引出线的一侧为剖视方向（如图 a、b、c、d）

续表

项目	图示	说明
详图符号	 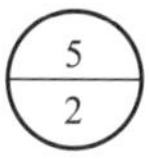 (a) 与被索引图样同在一张图纸的详图符号　　(b) 与被索引图样不在同一张图纸内的详图符号	详图符号用 ø14 粗实线圆表示，水平直径线用细实线绘制。图（a）中"5"是详图编号；图（b）中"5"是详图编号，"2"是被索引图样所在的图纸编号

(3) 引出线和其他符号

1) 引出线：引出线主要是用于标注和说明建筑图中一些特定部位及构造层次复杂部位的细部做法，这些部位或是层次繁多，或是构造层尺寸较小，不便于用图例表示。有些构造做法对材料的配合比、操作程序、构造尺寸等要求比较精细，只有通过引出线加注文字说明才能够表示清楚。

应当特别说明的是，引出线中所标写的内容（如构造做法、尺寸、相互位置关系等）是施工过程中必须执行的技术依据。

2) 其他符号：主要包括连接符号（剖断线）、对称符号、指北针等。这些符号在建筑工程图中应用得也非常广泛。

引出线和其他符号的绘制及标注方法见表 8-4。

引出线和其他符号的绘制及标注 表 8-4

项目	图示	说明
引出线	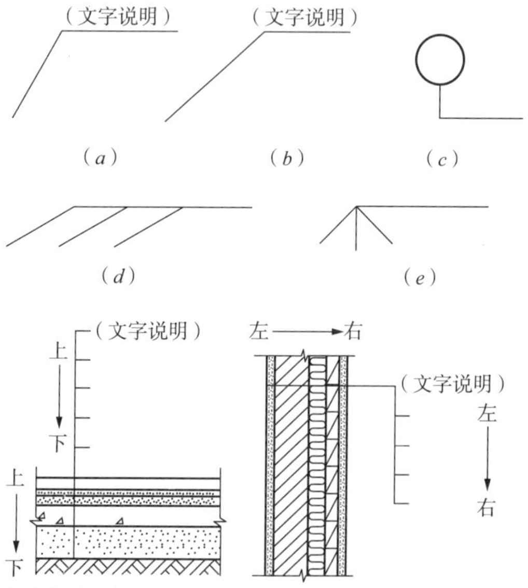 (a)（文字说明）　(b)（文字说明）　(c) (d)　(e) (f) 当构造层次竖向排列时　(g) 当构造层次横向排列时	1. 引出线应以细实线绘制，宜采用水平方向的直线及与水平方向成 30°、45°、60°、90° 的直线表示（图 a、图 b） 2. 索引详图引出线应对准索引符号的圆心（图 c） 3. 同时引出几个相同部分的引出线，宜互相平行（图 d），也可画成集中于一点的放射线（图 e） 4. 多层构造引出线应通过被引出的各层。注写文字说明时，应与由上而下或由左而右被说明的层次顺序相一致（图 f，图 g）

续表

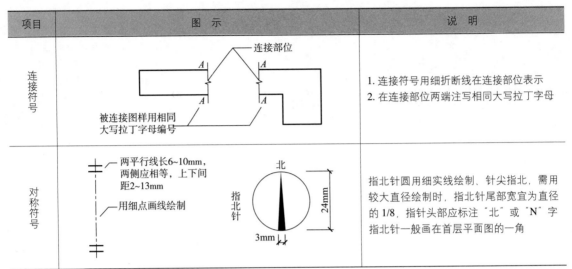

8.2.3 标准图集的作用

建筑相当于一部由众多零部件构成的机器,这些零部件在土木工程专业领域通常被称为构件及构造。建筑构件一般是由一种或多种建筑材料制成的,在建筑中承担不同的任务;建筑构造通常指的是构件或材料之间的相互关系,包括顺序、连接、角度、坡度等。

如果进行建筑设计时,每一个构件、每一种构造都需要设计者来设计,就相当于要求厨师炒菜时要自己生产原料和调料,这将大大地影响工作进度,使成本增高,同时还有可能影响工作质量。

为了保证建筑的设计质量、加快设计进度、减轻设计者的劳动强度、提高建筑构配件的通用性,使建筑的运行成本得到控制,国家或地方的建设行政管理部门组织有关科研、设计、构件生产厂家的科研技术人员编制出一系列的构件或构造通用设计图集。这些设计通用图集就被称为标准图集。

标准图集也是工程图的一部分,只不过在不同的设计中会部分的被引用。

8.2.4 标准图集的应用

从前面的内容中,我们知道了标准图集是建筑设计的一种有效的辅助资料,是设计人员在进行设计过程中不可或缺的帮手。通常情况下,在工程图中会有相当数量的构件及构造做法是从标准图集中引用的，应用标准图集的能力也是识图能力的组成部分，必须加以足够的重视。在应用标准图集时，要注意以下几点：

1. 标准图集是分地区、分专业的

标准图集分为国内通用（俗称国标图集，一般用 GB 作为编号的标识）和地域通用（俗称地标图集，一般用地域名称作为编号的标识，如"龙"或"L"代表黑龙江省的地方标准图）两种。国标图集主要是结构构件图集或工业建筑构造图集，民用建筑的构件及构造多采用地标图集。

标准图集是分专业编制的，土建专业一般分为建筑构造图集和建筑构件图集两种。建筑构造图集主要是解决构造标准设计的问题，建筑构件图集主要是解决建筑构件的标准设计问题。

在个别地区还有对大量性建筑设计的标准图集，如住宅建筑通用设计图集。

2. 标准图集的应用要适应建筑的具体情况

我们去商场买东西，会发现商品的种类极为丰富，同类商品的产地、价格、规格、样式、质量也会有很大差异。所以，买东西实际是一个选择、比较、权衡、决断的过程。

标准图集就像一个建筑构件或建筑构造的超市，讲究构件及构造的通用性，以便为不同目的的消费者服务。在一个图集当中选择到单体建筑适用的建筑构件和构造做法，也需要经过一个与买东西相近的过程，并不十分简单。

由于标准图集是通用的，它一般只是注明通用的材料、必要的尺寸、构造的层次顺序，而对大多数材料的种类、规格、尺寸等均不指定，而是由设计者根据单体建筑的具体情况进行选择。具体的指标一般在设计说明中进行规定，或标注在有关的索引符号中。

在读图的时候一定要关心图中引用标准图集的选择是否准确，有关的说明和尺寸是否具体和明确。如有疑问应及时向设计人员质询，以免出现偏差。

3. 标准图集是施工企业自备的技术文件

在现阶段，我国普通的民用及工业建筑的设计均在不同程度上应用标准图集，设计单位在建筑施工图中只要标明引用的标准图集及具体的要求，就完成了设计的责任，设计单位不会把标准图集作为建筑施工图的附件提供给有关单位，而是需要这些单位到标准站或专业书店去购买。

8.3 模数协调与定位轴线

8.3.1 模数协调

我们知道，一幢建筑从立项设计开始，到竣工验收、投入使用，是一个相对漫长的生产过程，这其中需要不同的部门和企业的参与。如果参与建筑生产的单位之间各自为政，没有一个大家共同遵循的规则，将会给这个过程带来相当的麻烦。同时，还会增加建筑的建造和维护成本，使生产周期延长。

为了早日实现我国建筑业的现代化目标，建筑标准化在其中起到至关重要的作用。标准化是体现一个行业、一种产品现代化程度的重要标志。例如，目前电脑的配件之间的互换和模块化，就给使用者带来了极大的便利，也使产品的价格降低许多。

建筑标准化主要包括两个方面：首先是应制定各种法规、规范、标准和指标，使设计有章可循；其次是在（诸如，住宅等）建筑设计中推行标准化设计。

标准化设计可以借助国家或地区通用的标准设计图集来实现，这些图集为设计及施工单位提供了有关构造及构件的标准设计，设计者可以根据工程的具体情况进行选择，避免无谓的重复劳动。构件生产厂家和施工单位也可以根据标准构配件的应用情况组织生产和施工，形成规模效益，提高生产效率。

为了协调建筑设计、施工及构配件生产之间的尺度关系，达到简化构件类型、降低建筑造价，保证建筑质量，提高施工效率的目的。我国制定有《建筑模数协调统一标准》GBJ 2—86，用以协调和约束建筑的尺度关系。

1. 模数的概念

建筑模数是选定的标准尺度单位，作为建筑物、建筑构配件、建筑制品以及有关设备尺寸相互协调中的增值单位。其中"选定"二字具有深刻的意义，是经过多年的工程实践之后最终选取的，对模数协调的应用作用极大。

在日常生活中，模数的影子也是无处不在的，如：鞋子的标准尺码是国家有关部门在经过大量调查研究之后制定的，它是厂家、商家、消费者共同知晓和认同的尺度单位。这种标准尺码使鞋子的尺寸构成了一个由小到大的系列，它的存在，给鞋子的生产、销售、采购带来了极大的便利，而且使鞋子的规格种类保持在一个合理的范围之内，实现了既方便生产又方便使用的目的。

模数是一个尺度的组群，它包括基本模数和导出模数：

（1）基本模数

基本模数是模数协调中选用的基本单位，其数值为100mm，符号为M（1M=100mm）。基本模数是整个模数协调体系的基础数值，建筑物的整体及其一部分或建筑组合构件的模数化尺寸，应为基本模数的倍数。

（2）导出模数

由于建筑中需要用模数协调的各部位尺度相差较大，仅仅依靠基本模数就不能满足尺度的协调要求，因此在基本模数的基础上又发展了相互之间存在内在联系的导出模数。导出模数分为扩大模数和分模数。

1）扩大模数

扩大模数是基本模数的整数倍数。水平扩大模数基数为3M、6M、12M、15M、30M、60M，其相应的尺寸分别是300、600、1200、1500、3000、6000mm；竖向扩大模数基数为3M、6M，其相应的尺寸分别是300、600mm。

2）分模数

分模数是整数除基本模数的数值。分模数基数为1/10M、1/5M、1/2M，其相应的尺寸分别是10、20、50mm。

2. 模数的应用

将扩大模数、基本模数和分模数按从大到小顺序排列，就可以得到一个模数数列。模数数列可以保证不同建筑及其组成部分之间尺度的统一协调，有效地减少建筑尺寸的种类，并确保尺寸具有合理的灵活性。建筑物的所有尺寸（除特殊情况之外）均应满足模数的要求。

在确保使用要求与安全性的前提下，在建筑中采用预制构配件是实现建筑工业化的有效手段。例如，在确定建筑竖向承重构件的相互位置时，如能保证竖向承重构件之间的轴线间距符合模数数列的有关要求，就会在构件生产厂家选购到标准的水平结构构件，进而达到保证工程质量，提高生产效率的目的。反之，如果建筑竖向承重构件之间轴线间距不符合模数数列的有关要求，就不能选购到标准水平结构构件，而要采用非标准构件或现场加工构件，这样就会增加建筑的施工难度，使工期延长。

应当指出的是，随着现代建筑强调个性特色，建筑的抗震设防能力也日渐提高，建筑施工工艺和技术不断进步，目前建筑的造型十分灵活，在建筑工程中采用现浇混凝土、轻钢结构技术已经非常普遍。模数协调的权威性和应用性受到了一定的冲击，但模数协调作为建筑尺度的协调标准对建筑设计、施工和构件生产的影响，其意义是不言而喻的。

8.3.2 定位轴线

轴线实际是一条基准线，这种基准线我们对其并不陌生。射击时讲究准星、标尺、目标之间呈"三点一线"，这条线实际就是射击瞄准的轴线。

在建造房屋的初始阶段，有一个重要的工作过程，我们称为抄平放线，此时所放的"线"，就是柱子或墙体的定位轴线。

1. 定位轴线的定义

定位轴线是确定建筑构配件位置及相互关系的基准线，也是建筑工程图纸重要的组成部分和施工的重要依据。

由于建筑是具有三维空间的立体，因此建筑需要在水平和竖向两个方向进行定位。建筑水平方向的定位用定位轴线来限定，竖向定位通过标高限定。由于建筑在平面的变化要远多于在竖向的变化，设计和施工也是从平面开始着手，所以平面定位轴线在建筑定位中的作用更为重要。

我国有相应的设计规范对不同建筑定位轴线的划分原则做出了明确的规定。

2. 定位轴线的划定原则

（1）水平定位轴线

不同结构形式建筑平面定位轴线的划定方式有所不同，单层工业厂房还有自己特殊的规定，但总的来说，定位轴线的确定至少要满足以下目的：

1）为建筑的竖向构件（墙体、柱子），特别是承重构件（承重墙、柱子）定位；

2）定位轴线与竖向承重构件表面之间的尺寸，要满足上方水平构件的支撑要求；

3）轴线网格应清晰明确，便于阅读和记忆。

（2）建筑的竖向定位

1）楼（地）面的定位

楼（地）面竖向定位应与楼（地）面面层的上表面重合，这个表面就是建筑楼（地）面的完成面。此时的高程即所谓的"建筑标高"。它是以建筑完成面的高程为依据的。由于施工时需要在完成楼（地）面结构工程之后，才能进行楼（地）面面层的施工，因此结构层表面的标高即所谓的"结构标高"。

在建筑楼（地）面的同一部位，建筑标高与结构标高是不相等的，二者的差值就是楼（地）面面层的构造厚度。如，某建筑三层楼面的建筑标高为 6.600m，地面面层采用 20 厚 1∶2.5 水泥砂浆抹面，此时楼板顶面的结构标高应为 6.580m。

2）屋面的定位

当建筑为平屋顶时，屋面的竖向定位一般应定在屋面板的顶面；当建筑为坡屋顶时，屋面的竖向定位应为屋面结构层上表面与距墙内缘 120mm 处的外墙定位轴线的相交处。

3. 定位轴线的标定方式

（1）定位轴线的标注

定位轴线应用细点画线绘制，轴线编号应注写在轴线端部的圆内，圆心应在定位轴线的延长线或延长线的折线上。

圆应用细实线绘制，直径为 8mm，比例较大的图（一般为 1∶50 以上）或详图上可采用直径为 10mm 的圆。

（2）定位轴线的编号

由于建筑在平面上需要水平定位的墙或柱的数量很多，轴线之间容易发生混淆的现象。为了设计及施工的便利，定位轴线通常需要进行编号。定位轴线的标注与编号应遵循以下规定：

1）一般规定

定位轴线的编号，宜标注在平面图的下方与左侧。横向定位轴线的编号应用阿拉伯数字进行标注，按从左至右的顺序编写；纵向定位轴线的编号应用大写拉丁字母，按从下至上的顺序进行编写（图 8-4）。为了避免拉丁字母中"I、O、Z"与数字"1、0、2"混淆，这三个字母不得用作轴线编号。当纵向定位轴线的数量较多，字母数量不够使用时，可用双字母或单字母加数字注脚，如：AA、BB……YY 或 A1、B1……Y1。

2）分区轴线

当建筑的规模较大，如果采用一般的标注方式，会出现数值较

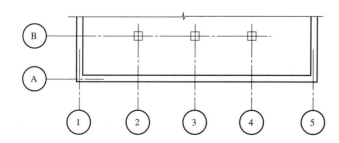

图 8-4 定位轴线编号顺序

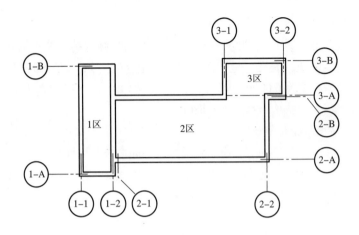

图 8-5 轴线分区编号

大的轴线编号,增加记忆的难度。此时,定位轴线也可以采用分区编号的方法(图 8-5)。编号的注写方式应为分区号—该区轴线号,如 3-1、3-A 等。

3)附加轴线

为了突出主体结构的核心地位,经常把一些次要的建筑部件用附加轴线进行编号,如非承重墙、装饰柱等。附加轴线应以分数表示,并按下列规定编写:

①两根轴线之间的附加轴线:应以分母表示前一轴线的编号,分子表示附加轴线的编号,编号宜用阿拉伯数字顺序编号,如:1/2 表示 2 号轴线后附加的第一根轴线;

2/B 表示 B 号轴线后附加的第二根轴线。

② 1 号轴线或 A 号轴线之前的附加轴线:应以分母 01、0A 分别表示位于 1 号轴线或 A 号轴线之前的轴线,如:

1/01 表示 1 号轴线之前附加的第一根轴线;

2/0A 表示 A 号轴线之前附加的第二根轴线。

4)详图的通用轴线

当一个详图适用几根定位轴线时,应同时注明各有关轴线的编号(图 8-6)。通用详图的定位轴线,应当只画圆,而不注写轴线编号。

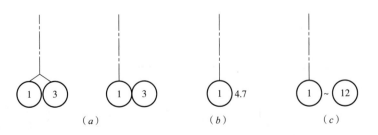

图 8-6 详图轴线的编号

单元小结

- 建筑工程的设计是分阶段进行的,每个阶段的任务各不相同。
- 建筑工程图是由不同专业图纸组成的,本课程主要是解决建筑专业施工图的识读问题。
- 制图标准是国家制定的,所有工程图都必须无条件地执行。
- 图例和符号是工程图的重要的组成部分,想要识图,就必须牢记它们。
- 标准图集是设计和施工单位工程技术人员常备的技术文件,熟练地使用它们,也是识图能力的一个组成部分。
- 定位轴线是为建筑构件定位用的,给建造房屋带来了极大的便利。我们必须要熟悉定位轴线的划定原则、表示方式和标注原则,就像教师要熟悉本班学生的点名簿一样。

1. 学生分组进行常见建筑材料图例和常用符号的认知练习,并进行互评互检。
2. 教师提供若干套工程图纸,让学生分组阅读,并根据专业对图纸进行分类。
3. 教师提供若干本建筑构造标准图集,学生分组阅读,然后对指定部位构造的设计深度进行评价,并与实际的施工图相互比较。

单元 9
设计文本与总平面图的识读

设计文本是一套设计图纸的重要组成部分之一，读图通常是从阅读设计文本开始的。就像我们在读书的时候一般会首先阅读内容简介，在使用电器产品之前一般要认真读一下使用说明书一样。

总平面图也是建筑施工图的组成部分之一，我们在识读单体建筑的施工图之前，需要首先看懂总平面图。相当于我们去一个新地方，在出行之前应当先看看地图，以便对路线及目的地的周边情况有一个大致的了解。

● 建筑专业施工图也会有类似于内容简介的说明吗？它的内容有哪些？作用是什么？

● 总平面图相当于建设基地的地图吗？它与单体建筑的关系是什么？我们在读图的时候要注意哪些问题呢？

这些就是本单元要解决的问题。

我们将以一套实际的工程图作为载体，介绍识图的有关问题。

建筑专业施工图是建筑施工图的重要组成部分，也是其他专业进行工程设计的基础，同时还是施工放线、砌筑、安装门窗、室内外装修和编制施工概算及施工组织计划的主要依据。

设计说明属于工程图纸的文本文件。

9.1 设计文本的阅读

9.1.1 图纸目录

图纸目录应放在一套图纸最前面，主要内容包括：序号、图号、图纸内容、图幅等。在读图之前应当仔细核对图纸的数量，检查是否有遗漏。各专业全部图纸可以统一编制到一个目录内，也可以分

建筑专业图纸目录

序号	图号	图纸内容	图幅
1	建施-01	建筑设计说明	A2
2	建施-02	一层平面图	A2
3	建施-03	二层平面图	A2
4	建施-04	三层平面图	A2
5	建施-05	屋顶层平面图	A2
6	建施-06	①轴~⑥轴立面图　⑥轴~①轴立面图	A2
7	建施-07	Ⓐ轴~Ⓓ轴立面图　Ⓓ轴~Ⓐ轴立面图	A2
8	建施-08	1-1 2-2 剖面图	A2
9	建施-09	外墙详图（一）	A2
10	建施-10	外墙详图（二）	A2

图 9-1　图纸目录

专业编制；可以单独成页，也可以与设计说明安排到同一张图纸上。图 9-1 是图纸目录的举例。

9.1.2 设计说明的内容和作用

设计说明也称建筑设计总说明，又叫建筑首页，是建筑专业施工图的主要文字部分。

设计说明一般放在一套施工图的首页。

设计说明主要是对建筑施工图上未能详细表达或不易用图形表示的内容用文字或图表的形式加以说明。设计说明的主要内容如图 9-2 所示。

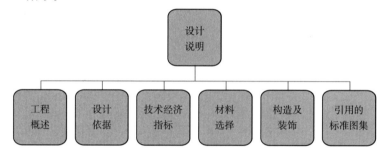

图 9-2 建筑设计说明的主要内容

设计说明书没有统一的格式和体例，图 9-3 是设计说明的举例。

1. 工程概述

是对建筑基本情况的总体说明，与施工的关系不大。主要包括：工程的名称、所在地域、建设单位、结构形式、层数、建筑高度等内容。有个别的工程还会对设计的整体思路等不易用图面表示的问题进行说明。

2. 设计依据

是对本工程在设计过程中所执行的技术文件和规定的说明。主要包括：政府管理部门的批准文件、建设单位的设计任务书、所执行的规范和规程、抗震设防标准、有关尺度单位的说明、市政管网的配套条件等内容。有些建筑还要有节能设计。

3. 技术经济指标

是对建筑重要技术经济指标的说明，主要是给建设单位和管理部门提供参考，与施工的关系不大。主要包括：总建筑面积、建筑的占地面积、使用年限、平面系数、重要房间数量和面积等。如果是住宅建筑，还要说明总套数、各种套型的面积、使用面积系数、容积率等内容。

4. 选用的材料

是对主要的建筑材料的说明，施工企业要严格执行。主要包括：

建筑设计说明

一、设计依据
1. 审批部门的批件及建设单位的委托任务书
2. 地质勘察报告及其他有关规范
3. 《建筑设计防火规范》GB 50016—2006
4. 《建筑内部装修设计防火规范》GB50222—95
5. 《民用建筑设计通则》GB50352—2005
6. 《公共建筑节能设计标准》GB50189—2005
7. 《建筑灭火器配置设计规范》GB50140—2005

二、工程概述
本工程为哈尔滨市××电线电缆有限公司办公楼,工程位于哈尔滨市利民开发区,详细位置见总平面图。
1. 占地面积:458.32m² 建筑面积:1374.96m²
2. 室内一层地面标高±0.000,相对与绝对标高现场确定
3. 建筑层数:地上3层
4. 建筑高度:10.800m
5. 使用功能:办公

三、设计标高和尺度单位
1. 本建筑一层地面标高±0.000,相对与绝对标高现场确定
2. 本图纸中注明标高和总平面尺寸以米为单位外,其余标注均以毫米为单位

四、建筑类别及耐火等级
1. 建筑类别:二类
2. 耐火等级:二级
3. 使用年限:50年
4. 抗震烈度:6度
5. 结构采用砖混结构,建筑构件燃烧性能和耐火极限达到《建筑设计防火规范》第3.0.2条要求

五、结构形式及墙体构造
1. 结构形式:砖混结构。
2. 抗震烈度:6度。
3. 外围护墙为370承重多孔砖与100厚聚苯板,内隔墙为240厚(局部200厚陶粒)承重多孔砖墙
4. 凡不同墙体交接处及各种线盒箱背后挂镀锌钢丝网布,用边缘微斜面的抹灰或墙体内加镶玻纤网布,每边搭接150,电算与绝缘混暖室内修葺06 灰20厚
5. 墙体保温选用聚苯板复合墙体内修葺(局部挤塑苯板)做法参见03J930—01B7

六、建筑外部及室内部装修
1. 外墙装饰为外墙涂料,颜色详见立面图
2. 散热器保暖系统
3. 内装修详见室内修葺表
4. 窗台板均为现浇钢筋混凝土窗台板,板内配筋06 钢筋间距纵向间距100通长,横向间距200,嵌入墙内

七、防水防潮处理
1. 卫生间地面抹10%TH2000防水水泥砂浆两次水抹平0.5%坡向地漏最薄为20厚,卫生间距接墙200高范围内为C20素混凝土,厚度同墙,防水地墙时,返上200,卫生间厨房内的管道楼板处及地漏,坐便器处防水构造详见 LJ521 第 6 页

八、防腐工程
1. 凡金属构件及外露铁皮棕皮刷样升防腐漆两遍开利灰色结油草面
2. 凡木构件均刷沥青两道防腐

九、门窗工程
1. 本工程普通窗无色中空玻璃白色塑钢窗框 型材为三玻
2. 所有门窗均有资质的正规厂家的成品
3. 门窗形式及门窗数量详见门窗统计表及洞口尺寸
4. 所有门窗下料前均须现场核实洞口尺寸
5. 窗外门窗抗风压性能分级,气密性能分级,水密性能分级,保温性能分级为4级,8级
6. 窗采用三玻两腔空钢窗,型材截面尺寸66,腔型为三玻两腔,空气间层厚度12mm

十、节能设计
1. 本建筑体形系数:S=A/V=1423.24/4674.86=0.30 南向A/Aq=0.42 北向A/Aq=0.33
2. 本建筑外墙系数传热系数不大于2.5的窗
3. 经计算:
   南向应选用传热系数不大于2.5的窗
   北向应选用传热系数不大于2.5的窗
   东西向应选用传热系数不大于2.5的窗
   混凝土外墙部位贴聚苯板30厚符合塑苯板
4. 本计算结果符合《公共建筑节能设计标准》的要求

注册工程设计章	单位名称	建设单位	xxxxxx
		工程名称	办公楼
签字	技术负责人	设计负责人	xxxxxx
	审定	项目设计负责人	
	审核	专业设计负责人	
注册建筑师	校对	设计 制图	
签字		图 号	建筑设计说明
		工程编号	日 期

图 9-3 设计说明示例

主体材料的种类、规格和级别，使用的部位。有些设计还可能把结构材料的指标放在结构设计说明中。

5. 构造及装饰的基本要求

是对构造和装饰通用要求的说明，与施工关系极为密切。主要包括：通用构造的整体说明，如：预埋件的设置要求、门窗的安装要求等；室内装饰的具体要求，应当分房间、分部位地进行具体细致的说明。

6. 引用的标准图集

是对该设计所引用的标准图、产品目录的说明。这部分内容一般只是把设计所涉及的标准图集、构件图集、产品目录等文件的名称、编号进行整理列出，以便于施工和监理企业采购或整理。

9.1.3 阅读设计说明应当注意的问题

设计说明是设计者对建筑工程总体情况与整体要求作出的描述，对了解工程的总体情况具有相当的价值，对后期施工也有指导作用，在阅读时要注意以下问题：

1. 要对照图纸进行阅读

设计说明是工程图的组成部分，是利用文字对设计中的一些共性问题所进行的说明和规定，这些问题一定是本工程中的问题。所以要对照其他图纸来阅读说明，使其一一落位。

2. 要对重要的内容做出记录

一项建筑工程的技术信息极为丰富，在对照图纸阅读的基础上，要按照一定的规则（如部位、材料或工期）对说明书的要求进行分类记忆，并应用到施工当中。

3. 要与生产资源情况进行对照

由于设计单位不可能了解施工单位机具设备、材料资源、业务特长等具体情况，有时在设计中采用的材料、构造、施工方式可能与施工企业的生产资源存在着差距。这时要通过阅读设计说明及时发现问题，留在图纸交底会审时与设计单位进一步交流。

9.1.4 门窗统计表的阅读

门窗统计表是设计文本的组成部分之一，主要包括：建筑所采用的全部门窗的编号、洞口尺寸、数量、选用的标准门窗图集及编号、备注或说明等内容。

在建筑专业施工图中，窗用"C"表示，编号可以为 C-1、C-2……，也可以用"C 宽×高"来表示，如 C1815 就代表宽度为 1800mm、高度为 1500mm 的窗。门用"M"表示，编号原则与窗相同。有些特殊用途的门窗也有具体的表示方法，如"CM"代表住宅阳台的窗连门，"FM"代表金属防盗门或防火门，"MM"代表人防工程的密闭门。

门窗统计表的格式没有统一的规定，表 9-1 是门窗统计表的举例。

门窗统计表　　　　　　　　表 9-1

序号	门窗编号	洞口尺寸（宽×高）	数量			选用标准图集	备注
			×层	×层	总计		
1							
2							
3							
4							
5							
6							
7							

需要注意是，有些时候洞口尺寸相同的门窗，在层数、材料、开启方式等方面可能不同，它们也属于不相同的窗，需独立编号。

要根据建筑平面图，对门窗表所统计的门窗类型和数量进行认真的核对，准确无误之后才能进行采购或加工，以免造成浪费。

9.1.5　其他设计文本

通常情况下，设计单位还要应建设单位的要求，做出工程概算，供建设单位或拨款部门作为投资计划或工程招标的参考。工程概算应当单独成册，一般不提供给施工企业，设计概算书比较粗糙，与实际造价之间会有相当的差值。

有的工程把室内装修要求单独列表表示，内容与说明书要求相同，但更加便于阅读和记忆。

设计文本是以文字作为信息载体的，不存在"识"的问题，认真"读"，并在工作中认真执行就可以了。

9.2　总平面图的识读

总平面图也是工程图的重要组成部分。对单体建筑而言，总平面图要反映该建筑的坐落、与周边道路和原有建筑的关系；对群体建筑而言，总平面图要解决整体规划的问题。

9.2.1 总平面图的作用

1. 是建筑审批的必备文件

总平面图主要反映新建工程的位置、平面形状、场地及建筑入口、朝向、风向、标高、道路等布置及与周边环境的关系，是有关管理部门进行设计报建审批时必备的设计文件，也是设计勘察单位"验线"时需要的文件之一。

2. 要反映建筑的坐落位置

总平面图是新建建筑定位的依据，要在图中准确和清晰地标明新建建筑的具体位置。总平面图也是布置施工现场平面图的依据之一。

3. 要注明建筑周边的环境及设计情况

总平面图还要体现新建建筑周边的自然状况，以及建设后的情况。室外水、暖、电管线等外网的现状和布置也要在图中表示清楚。

9.2.2 总平面图的主要内容

1. 总平面图的图例

总平面图的制图标准与建筑制图的要求基本相同，但图例与建筑材料及构造的图例有所不同，认知必要的图例，是识读总平面图的基础。由于总平面图会把图面的建筑、道路、绿化、围墙等压缩得很小，通过线条已经不能真实地反映投影关系，而要通过图例来表现图面信息，我国的《总图制图标准》GB/T50103—2001对总图的图例作了规定，表9-2是常用的总平面图图例。

总平面图图例　　　　　表 9-2

序号	名称	图例	备注
1	新建建筑物	 ▭ 8 ▲	1. 需要时，可用▲表示出入口，可在图形内右上角用点数或数字表示层数 2. 建筑物外形（一般以±0.00高度处的外墙定位轴线或外墙面线为准）用粗实线表示。需要时，地面以上建筑用中粗实线表示，地面以下建筑用细虚线表示
2	原有建筑物	 ▭	用细实线表示
3	计划扩建的预留地或建筑物	 ▭	用中粗虚线表示

续表

序号	名称	图例	备注
4	拆除的建筑物	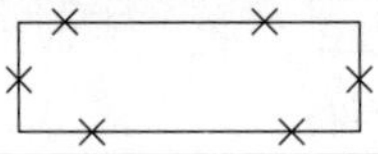	用细实线表示
5	建筑物下面的通道	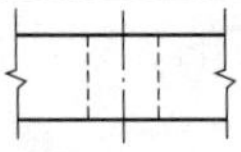	
6	散状材料露天堆场	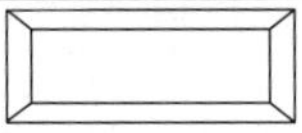	需要时可注明材料名称
7	其他材料露天堆场或露天作业场	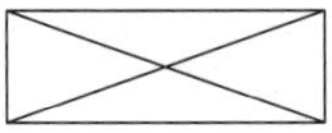	
8	铺砌场地	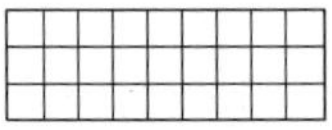	
9	敞棚或敞廊	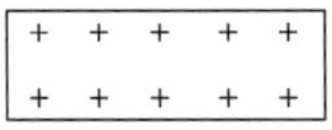	
10	高架式料仓	 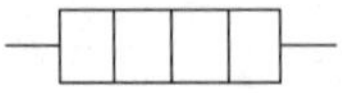	
11	漏斗式贮仓		左、右图为底卸式 中图为侧卸式
12	冷却塔（池）		应注明冷却塔或冷却池
13	水塔、贮罐	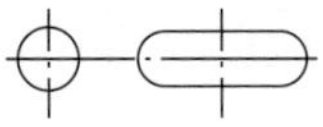	左图为水塔或立式贮罐 右图为卧式贮罐
14	水池、坑槽		也可以不涂黑
15	明溜矿槽（井）	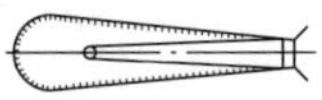	
16	斜井或平洞	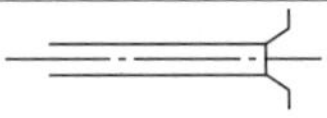	
17	烟囱		实线为烟囱下部直径，虚线为基础，必要时可注写烟囱高度和上、下口直径
18	围墙及大门	 	上图为实体性质的围墙，下图为通透性质的围墙，若仅表示围墙时不画大门
19	挡土墙		被挡土在"突出"的一侧
20	挡土墙上设围墙		

续表

序号	名称	图例	备注
21	台阶	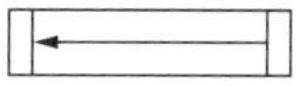	箭头指向表示向下
22	露天桥式起重机	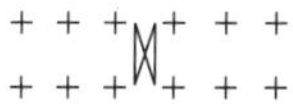	"+"为柱子位置
23	露天电动葫芦	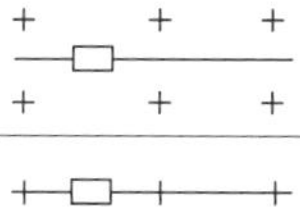	"+"为支架位置
24	门式起重机	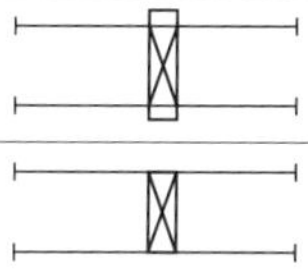	上图表示有外伸臂 下图表示无外伸臂
25	架空索道		"I"为支架位置
26	斜坡卷扬机道	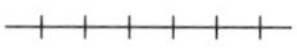	
27	斜坡栈桥（皮带廊等）	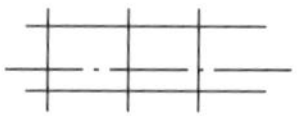	细实线表示支架中心线位置
28	坐标	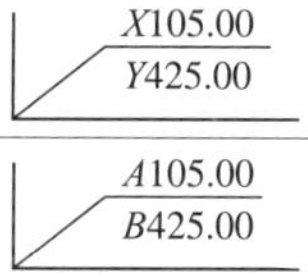 $X105.00$ $Y425.00$ $A105.00$ $B425.00$	上图表示测量坐标 下图表示建筑坐标
29	方格网交叉点标高	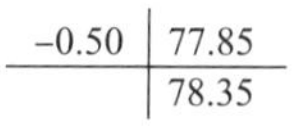 -0.50 | 77.85 　　　　78.35	"78.35"为原地面标高 "77.85"为设计标高 "-0.50"为施工高度 "－"表示挖方（"+"表示填方）
30	填方区、挖方区、未整平区及零点线	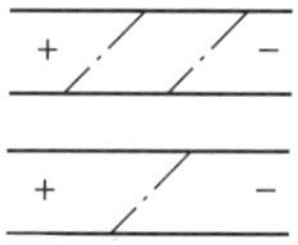	"+"表示填方区 "－"表示挖方区 中间为未整平区 点画线为零点线
31	填挖边坡	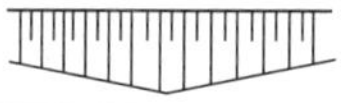	1. 边坡较长时，可在一端或两端局部表示
32	护坡	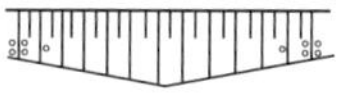	2. 下边线为虚线时表示填方
33	分水脊线与谷线	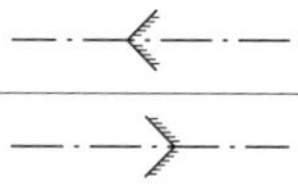	上图表示脊线 下图表示谷线
34	洪水淹没线		阴影部分表示淹没区（可在底图背面涂红）
35	地表排水方向		
36	截水沟或排水沟	 40.00	"1"表示1%的沟底纵向坡度，"40.00"表示变坡点间距离，箭头表示水流方向

续表

序号	名称	图例	备注
37	排水明沟	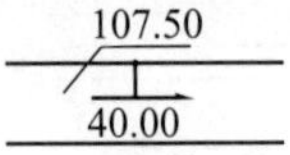 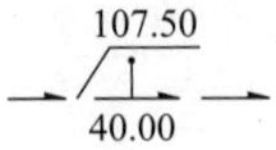 107.50 / 40.00 ; 107.50 / 40.00	1. 上图用于比例较大的图面，下图用于比例较小的图面 2. "1"表示1%的沟底纵向坡度，"40.00"表示变坡点间距离，箭头表示水流方向 3. "107.50"表示沟底标高
38	铺砌的排水明沟	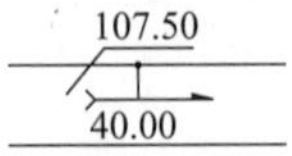 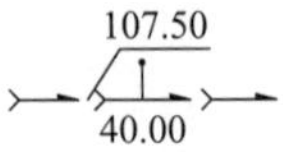 107.50 / 40.00 ; 107.50 / 40.00	1. 上图用于比例较大的图面，下图用于比例较小的图面 2. "1"表示1%的沟底纵向坡度，"40.00"表示变坡点间距离，箭头表示水流方向 3. "107.50"表示沟底标高
39	有盖的排水沟	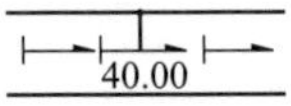  40.00 ; 40.00	1. 上图用于比例较大的图面，下图用于比例较小的图面 2. "1"表示1%的沟底纵向坡度，"40.00"表示变坡点间距离，箭头表示水流方向
40	雨水口		
41	消火栓井		
42	急流槽	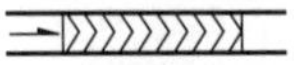	箭头表示水流方向
43	跌水	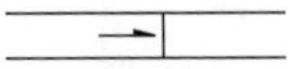	
44	拦水（闸）坝	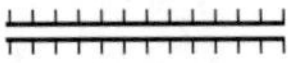	
45	透水路堤	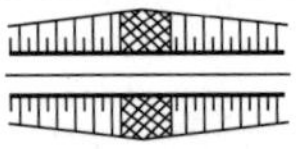	边坡较长时，可在一端或两端局部表示
46	过水路面		
47	室内标高	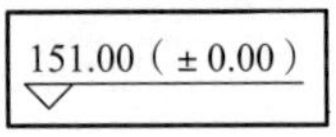 151.00（±0.00）	
48	室外标高	●143.00 ▼143.00	室外标高也可采用等高线表示

总平面图中所采用的尺寸单位与标高一样，均为"m"，但精确到小数点后2位，这与建筑其他图纸的尺寸单位完全不同（其他图纸的尺寸单位均为"mm"），需要特别注意。

2. 总平面图的主要内容

（1）建筑用地总体布局

建筑用地总体布局是总平面图的重要内容，总平面图常用1∶500～1∶2000的比例进行绘制，由于比例较小，各种有关物体均不能按照投影关系如实地反映出来，通常用图例的形式进行绘制，总平面图的图例比较直观。

根据建筑用地的布局和功能，总平面图中往往还要对道路、硬地、绿化、小品、停车场地等作出布置。

（2）为新建房屋的定位

为新建筑定位是总平面图的核心内容，也是建筑施工企业最应关注的问题，是施工定位放线的依据。

新建房屋定位的方式主要有两种：

1）以新建房屋周围其他建筑物或构筑物为参照物进行定位，多用于单体建筑或基地较小的工程。一般是将新建房屋所在的地区具有明显标志的地物定为"o"点，以水平方向为 B 轴，垂直方向 A 轴，按 $100m×100m$ 或 $50m×50m$ 的规格绘制坐标网格，绘图比例与地形图相同，用建筑物墙角距"o"点的距离确定新建房屋的位置。

2）利用大地坐标网为新建房屋定位，一般用于群体建筑或基地较大的工程。在与总平面图采用相同比例的地形图中，绘出 $100m×100m$ 或 $50m×50m$ 的坐标网格，纵轴为 x 轴，代表南北方向，横轴为 y 轴，代表东西方向。对于一般建筑物定位应标明两个墙角的坐标，若为南北朝向的建筑，可只标明一个墙角的坐标即可。放线时，根据现场已有的导线点的坐标，用测量仪导测出新建房屋的坐标。

（3）反映新建工程的高程和方位

总平面图中一般用绝对标高来标注高程。如标注的是相对标高，则应注明相对标高与绝对标高的换算关系。当场地的高程变化较复杂时，还应当在总平面图中加注等高线。

基地的地面排水设计也是总平面图的一个重要内容。

总平面图中要加注指北针，以便明确建筑物的朝向。有些建设项目还要画上风向频率玫瑰图，来表示该地区的常年风向频率。

当单体建筑规模较小，而且地势平坦的时候，总平面图也可以只表示基地的平面关系，竖向的关系不作说明。

以上是民用建筑总平面图的基本内容。如果是工业建筑，总平面图的内容还应该包括与生产有关的各种管线的外网布置，生产原料、产品、工业垃圾的运输流程等内容。

9.2.3 总平面图的识图要求

总平面图实际是新建房屋所在基地的地图，主要目的是反映基地的整体情况，图面的线条要比其他工程图少一些，读图难度不高。应但注意的问题有以下几点：

1. 总平面图中一般既有新建建筑又有原有建筑，有时还有拟拆除的建筑，它们均用各自的图例在图中标出，在读图时一定要辨认清楚。新建建筑一般用粗实线绘出，并在图形的右上角用阿拉伯数字或小圆点表示出建筑的层数。

2. 要对照建筑首层平面图中指北针的方向，确定新建房屋的坐落方位，特别是平面形状规整或对称建筑，更要认真核对，避免出错。

3. 认真核对、准确理解总平面图中的有关尺寸，并在定位放线时严格执行。

4. 认真核对、准确理解新建房屋的高程定位，并作为抄平放线的依据。

5. 有些基地可能会有需要保护的树木或其他地面、地下设施，通常会在总平面图中表示清楚，在读图时应当认真辨认，并加以标注，在布置施工现场平面时要注意避让。

图 9-4 是某民用建筑的总平面图，请根据前面的要求对照阅读。

单元小结

● 设计文本也是建筑施工图的一部分，它是利用文字或表格对工程的有关数据、指标和图中的共性问题所做的整体说明。

● 门窗表担负着门窗选型、采购加工的责任，要认真地阅读，并做好记录。

● 总平面图相当于新建房屋与地基原有设施的集体合影，新旧信息往往重叠在一起，并用不同的图例表示。

● 为新建房屋定位（水平方向和竖向）是总平面图最基本的任务，必须要认真阅读，并准确理解。

1. 教师提供一份建筑设计说明书，并设置一些"问题"，学生分组阅读，找出问题，并指出原因或隐患。

2. 教师提供或学生自备一套小型建筑专业施工图，根据图中所示，将门窗分类整理，并填写到自己设计的门窗统计表中。

3. 通过阅读实际工程的总平面图，检查对总图图例的掌握情况。

4. 通过与建筑首层平面图的对照，练习为新建房屋的坐落定位。

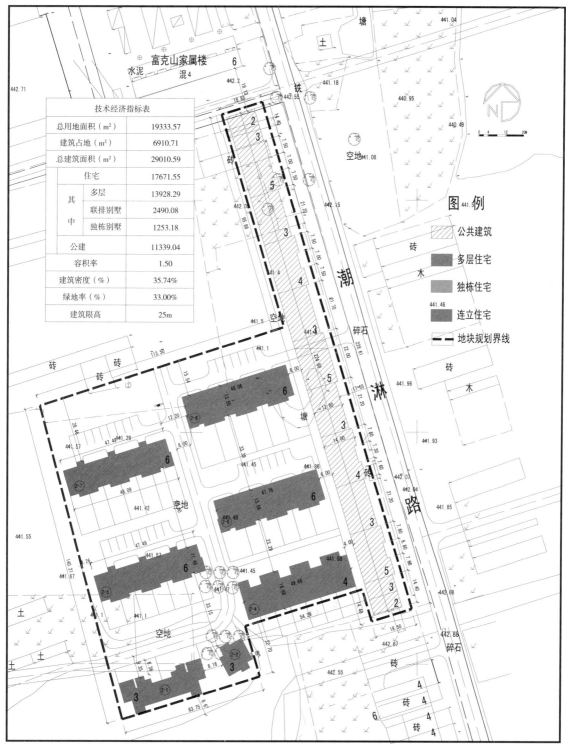

图 9-4 总平面图

单元 10
建筑平、立、剖面图的识读

在前面的学习中，我们已经熟悉了展开的三面投影体系，习惯运用"长对正，高平齐，宽相等"的投影规律来了解并判断一个物体的真实形状。建筑的平面、立面、剖面图就相当于把一个建筑的三面投影分别绘制在三张图纸上：平面图相当于水平投影，立面图相当于正面投影，剖面图相当于侧面投影。由于建筑的平面、立面、剖面图是分别绘制在不同的图纸上的，这就给我们读图带来了一定的困难，就像我们分别在甲、乙、丙三个地点看到同一物体的三张图片，我们要根据它们给出的信息，在脑海里形成物体的真实形状一样。

建筑的平面、立面、剖面图是建筑专业图的主体，也是我们在学习识图的路上必须要通过的一道关口。对我们来说，这是一道难关。因为我们既要解决平面、立面、剖面图中各自的问题，还要能够把它们联系在一起，形成一个既虚拟的又是真实的建筑空间。

建筑工程图是把三维立体的建筑，分别用三个方向的正投影表示出来，这与前面学过的三面投影图没有大的差异，只不过平面图和剖面图是把建筑先用假想的剖切平面剖切了，然后再绘出剩余部分的投影，而且建筑内部是中空的，大部分构件是以我们很熟悉的投影面平行面（水平面、正平面、侧平面）的组合投影显现的。

我们的问题是：

● 建筑平面、立面、剖面图的内容都有哪些？它们之间有关联吗？

● 读图的路径是"先整体、后局部、再细部"，还是反之呢？

● 识读建筑平面、立面、剖面图的熟练程度和水平高低，是识图能力的重要标准吗？

本单元的内容是识读建筑专业工程图的关键所在，要发挥热情、集中精力、综合运用前面的知识，面对并攻克这道难关。

10.1 建筑平面图的识读

建筑平面图实际上是建筑的水平剖面图，它是用一个假想的水平剖切平面将建筑在本层的门、窗洞口高度范围内沿水平方向切开，移出剖切平面以上的部分，然后再把剖切平面以下的建筑投影到水平面上，所得的水平剖面图，即为建筑平面图，简称平面图（图10-1）。

图 10-1 平面图的形成

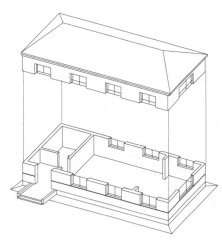

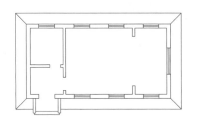

从图形的形成机理来说，平面图与剖面图的是相同的。

10.1.1 建筑平面图的作用和内容

1. 平面图的作用

平面图是建筑专业施工图最重要的组成部分，是进行立面、剖面图设计的基础和依据，建筑施工图设计通常是从平面图设计开始的。

平面图是指导施工全过程的重要技术文件，更是定位放线、砌筑墙体、楼梯施工、安装门窗、室内装修的依据，结构和设备专业设计也是在建筑平面图界定的框架内进行的。平面图还反映了建筑室外附属部分的设计，如：阳台、雨篷、台阶、散水坡（明沟）等。

阅读一套施工图也是从建筑平面图开始的，特别是首层平面图，对它的熟悉及理解程度，对阅读整套图纸的效果具有极大影响。

2. 平面图的内容

平面图所包含的信息量极大，而且比较繁杂，通常有以下的内容（图10-2）。

（1）建筑的平面布局

反映建筑平面布局是平面图的一项基本任务，建筑的坐落、平面形状、房间布置、水平及竖向交通组织等均应在平面图中表示清楚。有时平面图中也可以标注重要位置的高程。

（2）建筑的平面轴线网格

在平面图中需要表示的建筑构件极多，绝大多数构件，尤其是承重构件均要由定位轴线进行定位，并按照规定的原则编号。隔墙（如住宅建筑的隔墙），可以用分轴线的方式定位，也可以不划定轴线，但要标明与附近轴线的尺寸关系。

建筑的平面尺寸一般要标注三道：最外一道尺寸表示建筑的外轮廓尺寸（总长度、总宽度）；中间一道尺寸表示建筑各个空间的开间、进深尺寸；最内一道表示门窗的宽度尺寸和位置。

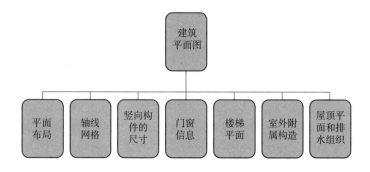

图10-2 建筑平面图的主要内容

(3) 墙体、柱子等竖向构件的尺寸

所有墙体的厚度以及与轴线的定位尺寸关系均应在平面图中表示清楚，一般不用说明的方式进行表达。有些建筑会提供建筑局部的大比例尺平面图，如：住宅单元平面图、卫生间平面图等，此时可以在整体平面图中表示出开间、进深等控制尺寸，墙体的尺寸在局部平面图中标出即可。

柱子的截面尺寸一般由结构专业确定，在建筑平面图中不予界定，所以也不会标注尺寸。有一些装饰和比例要求高，承载量小的柱子（如雨篷柱子、檐廊柱子等），为了保证观感效果，则要表示出柱子的断面尺寸及与定位轴线的关系，作为结构专业设计的依据。

(4) 门窗的平面位置、宽度尺寸、开启方式和编号

所有的门窗均应在本层平面图中表示清楚，如果高窗的位置高于剖切平面，也要用虚线绘出，在平面图中不但要表示出门窗的开设情况，更要表示出门窗的宽度，以及在建筑平面中的准确位置。

某些标准规格房间多的建筑，如：办公楼、旅馆、宿舍、教学楼等，可以在一个标准房间标出门的尺寸和位置，不必一一标出。住宅建筑一般要单独绘制单元平面图，所以内部门窗的尺寸和位置均不在组合体平面图中标出，而是在单元平面图标注。

所有的门窗均应编号，并与门窗统计表相互对应。

(5) 楼梯等垂直交通设施

楼梯、电梯、自动扶梯、坡道等垂直交通设施的平面形式、布置方式、具体位置和尺寸，均应在平面图中表示清楚。其中楼梯是必备的垂直交通设施，而且平面形式繁多，需要认真研究。楼梯的梯段宽度、平台及楼梯井尺寸、踏步尺寸等细部尺寸一般要在平面图中标出，如果楼梯的详图另外绘制，则细部尺寸可以不在平面图中标出。

电梯井的细部要求由厂家提供，一般要另绘详图，在平面图中一般只标出电梯井的轴线尺寸。

爬梯、消防楼梯等特殊用途的垂直交通设施也要在平面图中表示清楚。

(6) 室外附属构造

建筑的室外附属构造主要有散水坡或明沟、台阶、阳台、雨篷等。要在平面图中标明它们的布置形式、具体位置和尺寸。如果这些附属设施没有详图另作表示，则应在图中说明构造做法或选用的标准图集。

(7) 屋面和排水

屋顶平面的形成原理与其他平面图不同，它相当于是建筑屋顶的水平面投影（其他平面都是剖切后的水平面投影）。屋顶平面主要

是表示屋顶的分坡形式、排水的组织方式、排水构件的布置和种类。

3. 平面图的分类

按道理说，平面图的数量应当与建筑的层数相当，即有几层建筑就应当绘制几层平面图，如：首层平面图，二层平面图，三层平面图……顶层平面图等等。但在实际建筑工程中，多层建筑许多楼层的平面布局是相同的，此时常用一个通用的平面图来表达这些平面布局相同楼层的平面信息，这样的平面图统称为"标准层平面图"或"×～×层平面图"。

每一个平面图的下面都要标注图名和绘图比例。

平面图一般是由首层平面图、中间层平面图、顶层平面图、屋顶平面图组成的。当建筑有地下室，或局部平面需要细化时，还要另外绘制这些空间的平面图。

（1）首层平面图

首层平面图（即，一层平面图），是室内±0.000地坪所在楼层的平面图，在所有平面图中地位最为重要。与其他层平面的不同之处在于，除了表示该层建筑自身的平面信息外，还要表示出以下图面信息：

1）表示建筑坐落方位的指北针（只在首层平面图表示，其他各层平面图均不用再绘出指北针）；

2）剖面图的剖切位置、符号和编号；

3）室外的台阶（坡道）、花池、散水的形状、尺寸和位置。

特别需要注意的是首层平面图中楼梯的投影与其他楼层均不相同（有地下室时除外），需要认真观察。

图10-3是首层平面图的举例。

（2）中间层平面图

如建筑的二层平面图与其他楼层的平面不同，则二层平面图应当单独绘制，并要表示出本层室外雨篷等构件，附属于首层平面图的其他室外构件则不必再画出。

其他楼层平面图如有特殊平面时需要单独绘制，其余可按标准层平面图处理，但雨篷不必再画出。

楼梯在中间层平面的表示方式与其他楼层不同，也要认真对待。

图10-4、图10-5是中间层平面图的举例。

（3）顶层平面图

由于顶层平面楼梯的投影特殊，即使顶层平面与其他标准层平面相同，一般情况下也要单独绘出顶层平面图，其内容与中间层平面图的内容基本相同。

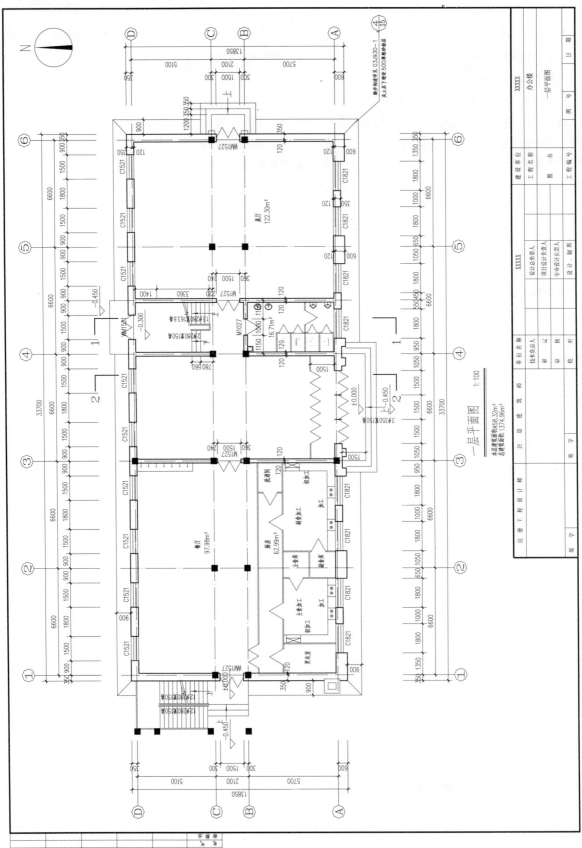

图10-3 首层平面图

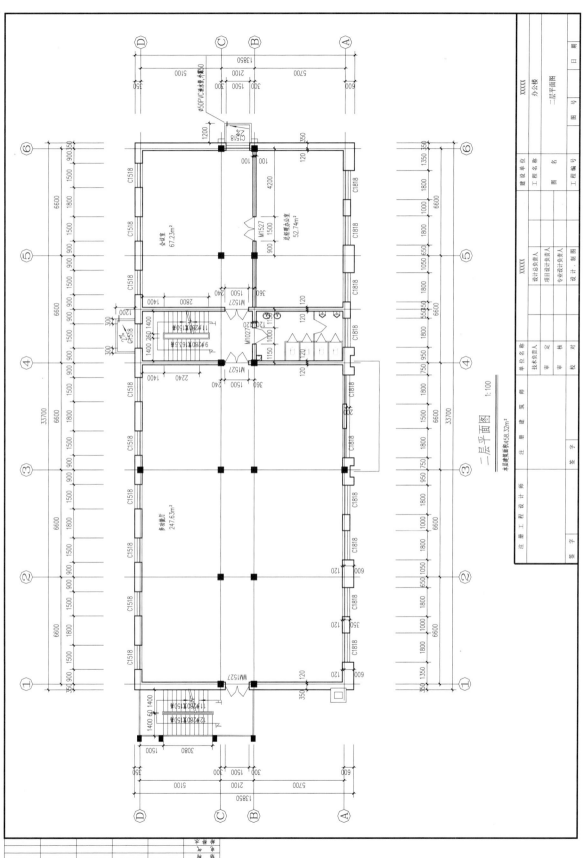

图 10-4 二层平面图

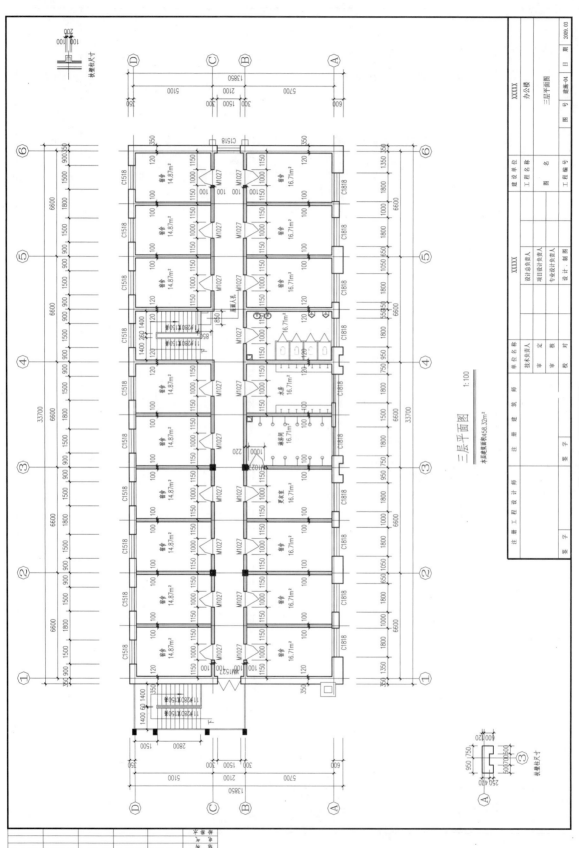

图 10-5 三层平面图

(4) 屋顶平面图

屋顶平面图是建筑屋顶的外观水平面投影图（相当于建筑外观立面的一部分）。屋顶平面图要表示出以下信息：

1) 屋顶形式和坡度、排水组织形式、排水构件位置和选型；

2) 通风道出屋面、屋面检查口、变形缝的布置和位置；

3) 屋面检修梯、楼梯间和电梯机房出屋面的位置及构造。

屋顶平面一般还要附加一些必要的文字说明，如：天沟坡度，排水构件规格、位置及材料，变形缝、屋面检查口、通风道出屋面的构造做法等。

图 10-6 是屋顶平面图的举例。

(5) 局部平面图

建筑的局部平面图又叫平面详图，主要是解决面积较小、内部家具设备数量较多的房间细部布局和尺寸标注问题，一般用比平面图放大一倍的比例绘制。

常见的局部平面图有：住宅的单元平面图、公共建筑的卫生间平面图、旅馆的客房平面图、教学楼的阶梯教室及实验室平面图、电梯机房平面图等。

10.1.2 建筑平面图的识读

平面图所包含的技术信息量极大，在识读时应当给予足够的重视，并逐步积累出一套适合自己习惯的读图方法。总的说来，阅读平面图要注意以下问题：

1. 先小后大、先易后难

在学习读图的初始阶段，应当先用一些面积较小、层数较少、平面和内部空间规整、功能单一的建筑施工图作为练习的载体，熟悉平面图的表现方式和基本的内容要求，并对一些常用的图例、符号进行复习和记忆。在此基础上，逐步加深读图的难度，进而提高读图的水平，掌握识读平面图的能力。

2. 从下到上，各层对照

识读平面图的时候，一定要养成"从下到上"的读图习惯，就是要从建筑的底层平面图入手来读图。因为在正常情况下，建筑的体型不是上下一致的，底层平面一般不会比上面的平面小，所以底层平面所包含的信息量是最多的，绘图和施工的时候也是按照从下到上的顺序进行的。

首层平面图中所标注的指北针明确了建筑的坐落方位，剖切位置、剖视方向、剖面编号等，对识读剖面图有重要的作用，散水（坡

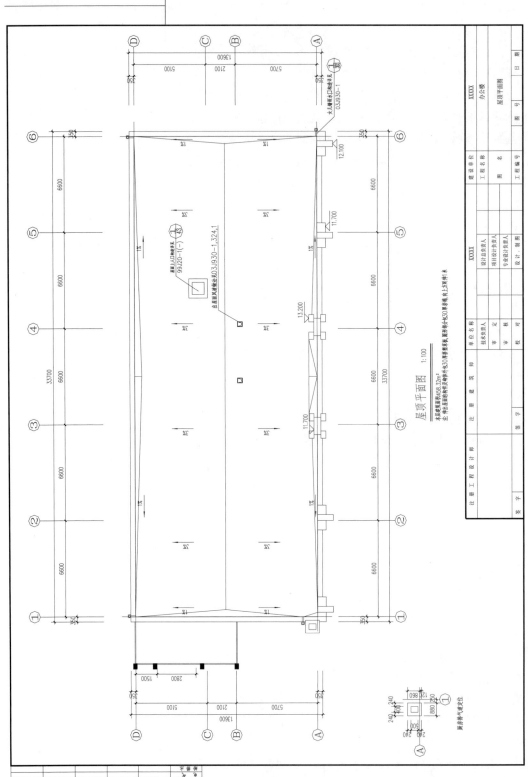

图 10-6 屋顶平面图

道)、台阶等室外附属设施也属于建筑的组成部分，这些信息只在首层平面图中有所体现，需要格外的关注。

3. 先整体、后局部

我们读一本书，首先要看一下内容简介，以便对书的整体有个大致的了解，然后通读，精彩的地方可能还要细读、反复读。对典型的人物、精彩的情节和字句能够准确的记忆，能够掌握书的整体和情节脉络。对一些不能完整复述和准确记忆的内容，能够知道它们在书中的哪个章节，并能够快速找到出处。如果我们的文字水平不高，遇到生字、生词的时候还要借助于字典、词典或向他人请教。

读图的过程与阅读一本书差不多，也是要经历一个先整体、后局部，先通读、后精读，记忆和检索相互配合的过程。在识读平面图的时候，首先要对建筑平面布局有一个大致的了解，包括建筑的平面形状、组合形式、交通组织、主体或重要房间的尺寸和位置等，然后再分区域、分层面细化阅读，对一些问题应作出标记或记录。

熟悉定位轴线网络，是识读平面图的一个重要内容，对尽快熟悉图纸、掌握图面技术信息非常有效，对交流信息也很重要。需要注意的是，在建筑竖向上下重叠的墙或柱子，它们在每一层平面图中的编号应当不变，就像我们的名字不能随本人所在地的变化而变化一样。有时一些竖向构件并不是"顶天立地"的，所以定位轴线的序号在某一张平面图中可能是间断的，但总体编号序列肯定是连续的，并应符合定位轴线的编号原则。

4. 对重要部位或构件要做重点的记忆

当建筑规模较大时，我们不可能把平面图的内容全部记住，就像我们不能记住一个城市的地图一样，但通过阅读，我们应当了解这座城市的整体情况和重要地段，如：行政区划、河流和湖泊、山川、主要街道、中心商业区和景点的周边信息等。在识读平面图时，我们也可以借鉴以上的经验，根据工作任务和工期的要求，随时对平面图进行再学习。

建筑平面的重点部位一般包括：承重墙、柱子、楼梯、电梯、建筑的转角部位、平面形状多变和复杂的部位等。

5. 认真对待门窗的问题

门窗虽然不属于建筑承重构件，对建筑的整体安全性影响较小，在平面图中也不够醒目，所以在读图时容易被忽视。但门窗的选择（这是设计者的责任）、安装和质量，却对建筑的使用影响极大。一定要仔细观察、准确领会门窗的选型、开启方式和安装要求，并在施工时严格执行。

由于门的开启方式和方向既关系到建筑的使用效果，还关系到建筑的使用安全，在读图时更要注意。

6. 注意细部构造的设计是否满足施工要求

平面图中有很多涉及细部构造的问题，有一些细部构造问题可能会有另外的图纸作出细化设计，如：散水（坡道）、楼梯、台阶、雨篷等；还有一些细部的构造可能没有其他的图纸另做设计，如：墙体局部的装饰（壁柱、凸凹线条等），此时就应当另外给出必要的节点详图，以满足施工的需要。这些局部的节点，应用详图索引进行界定，并指示解决办法（引用标注图集或另绘节点详图）。

在读图时一定要关心这些问题，仔细研究平面的细部问题。有节点的，要对照节点详图，看看是否清晰明确；没有另绘节点的，要看看平面图中的信息是否能够满足施工要求，不可大意或按照自己的理解去猜测，以免出现偏差。

7. 对照读图、认真核对

读图的时候还要对有关的轴线、尺寸、构造、门窗数量及编号选型等进行复核，以便在施工之前发现图中错误（主要是笔误一类的技术性错误），并做好记录，留在施工图纸会审交底的时候向设计者质询。

可以利用图纸中的一些互检及重复之处进行核对，如：三道尺寸的互检和复合，平面图与立面、剖面图在相同部位的尺寸、高程的复合。

8. 建立大局观、为下步读图做准备

阅读平面图是阅读整套图纸的开始，实际的阅读过程也不是把平面、立面和剖面图严格分隔开的。在阅读平面图的阶段，是以阅读平面图的内容为主，在某些部位还要借助立面图和剖面图来验证一些图面的信息。所以，阅读平面图时也要对立面和剖面有一个初步的印象，并把平面图的重要内容加以记忆，对阅读立面图和剖面图会有较大的帮助。

10.2 建筑立面图的识读

建筑立面图是建筑在正、侧投影面上所做的建筑外墙面的正投影图，简称立面图（图10-7）。

立面图是用来表现建筑外观的，比较直观，读图的难度不高。

10.2.1 建筑立面图的作用和内容

1. 建筑立面图的作用

立面图主要用于表示建筑物的体型和外观，并提供立面装饰要

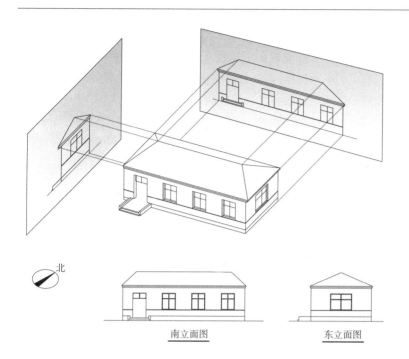

图 10-7 立面图的形成

求及控制尺寸。立面图也是建筑图中最形象的图形，对施工具有重要的指导意义。

2. 建筑立面图的内容

建筑立面图主要反映建筑的立面信息，内容要比平面图少，但线条较为繁杂。立面图的主要内容，如图 10-8 所示：

（1）建筑的体型

建筑的体型是由建筑平面和竖向要素体现的，建筑平面形状可以通过平面图了解，建筑的竖向轮廓则要依靠立面图来反映。在已经掌握的平面图信息的基础上，通过对立面图的阅读，进而形成对建筑体型的准确认识，是识图能力的重要体现。

（2）建筑的立面风格

建筑的立面风格主要是依靠立面图来体现的，建筑的流派很多，

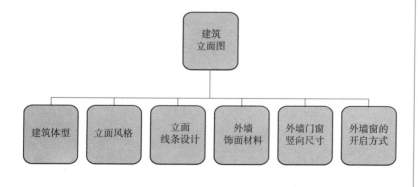

图 10-8 建筑立面图的主要内容

有中外古典风格的、有现代风格的、有内容丰富的、还有单一简约的，这些均需要在立面图中体现。应当有目的的阅读一些有关建筑风格特点的书籍资料,丰富自己的知识,仔细观察建筑效果图或模型,也会对了解建筑风格特点有所帮助。

（3）立面的线条设计

建筑立面图的线条比较多，而且多为细实线，看起来比较凌乱。一般情况下，这些线条有反映建筑轮廓的，有反映墙面前后或转折变化的，有反映墙面线脚的，有反映不同墙面材料分界的，有反应门窗洞口轮廓的，有反映门窗开启方式和分格的。

（4）外墙饰面材料

外墙饰面材料的选择也是建筑立面图要表示的一个重要内容（其他图纸均不涉及这方面的问题），主要应当说明的是：材料的种类名称、材料的色彩和质感、材料的铺贴或涂刷方法等内容。

（5）外墙门窗的竖向尺寸

建筑立面图中要表示清楚在该立面能够看到的门窗的竖向尺寸,这些尺寸可以用标高来表示，也可以用标高加竖向尺寸的方式表示。

（6）外墙门窗的开启方式

有时还要借助立面图表示门窗的开启方式，表示的方法要符合制图标准的有关规定。

3. 建筑立面图的分类

一般情况下，建筑至少有四个外露的外墙立面，每一个立面均需要绘制出立面图。有一些体型简单的建筑，两个山墙的立面可能是相同的，此时可以用一个通用的立面替代（但要把轴线号标注清楚）。

为便于与平面图对照阅读，每一个立面图下都应标注立面图的名称和绘图比例。标注方法主要有：

（1）根据建筑起止两端的定位轴线号编注立面图名称,如①～⑨轴立面图、⑨～①轴立面图等。

（2）坐落方位比较端正的建筑，也可按建筑的朝向确定名称，如南立面图、北立面图等。

（3）临街的建筑还可以按照建筑与街道的关系确定名称，如XX街立面图。

图 10-9、图 10-10 是建筑立面图的举例。

10.2.2 建筑立面图的识读

立面图所包含的技术信息量要比平面图少许多，再加上立面图

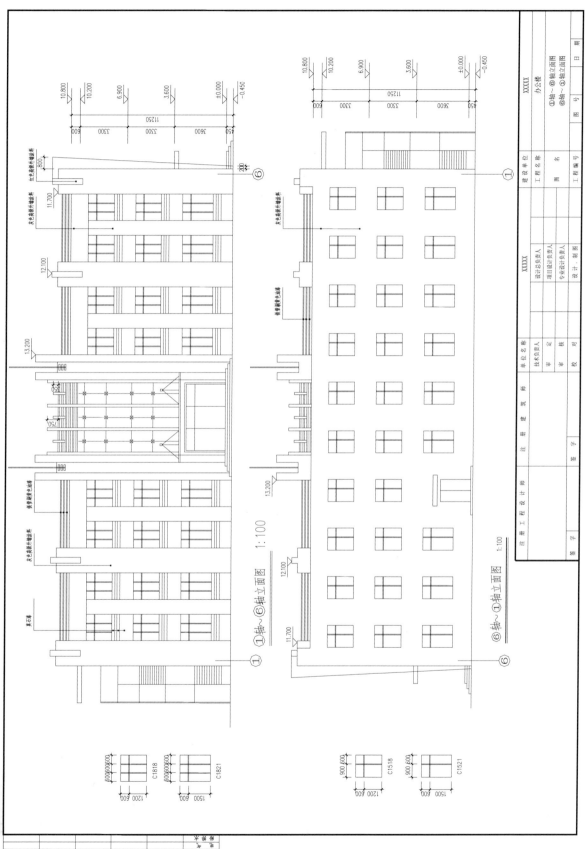

图 10-9 1~6 轴和 6~1 轴立面图

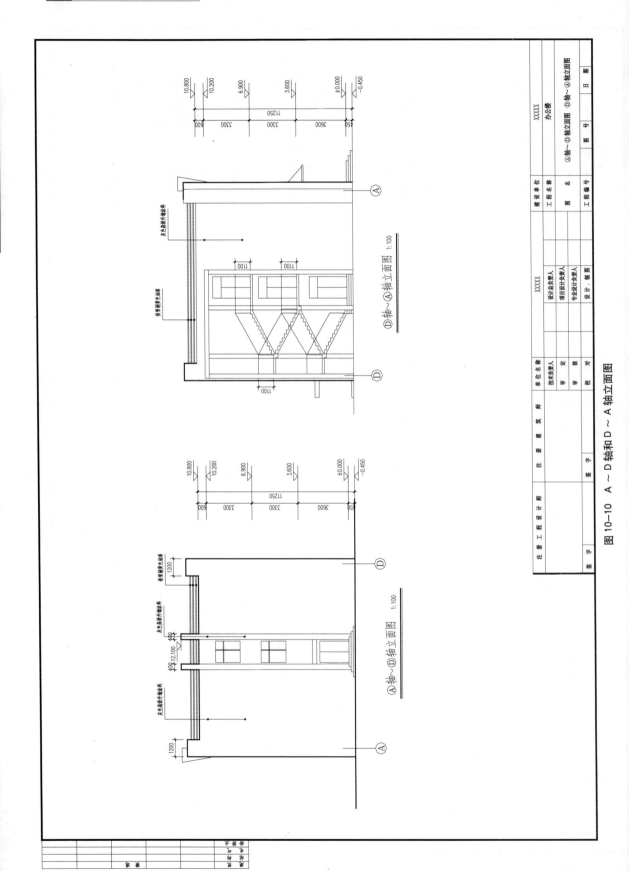

图 10—10 A～D轴和D～A轴立面图

比较形象和直观,读图的难度不高。总的说来,阅读立面图要注意以下问题:

1. 从主要立面入手

通常把主入口所在的立面或临街的立面称为建筑的正立面,正立面是建筑的主要立面,也是体现建筑风格和个性的关键所在。阅读立面图的时候,应当首先从正立面图入手,这样对识读立面图有极大的益处。

2. 先简后繁、先易后难

在学习读图的初始阶段,应当先用一些规模较小、立面简洁、门窗设置规整、规律性强或韵律简单的建筑作为练习的载体,初步熟悉立面图的表现方式和基本的内容要求。在此基础上,逐步加深读图的难度,进而提高读图的水平,掌握识读立面图的能力。

3. 先整体、后局部

识读立面图与识读平面图一样,也是要经历一个先整体、后局部,先通读、后精读,记忆和检索相互配合的过程。在识读立面图的时候,首先要对建筑立面形象有一个大致的了解,包括建筑的体型、立面风格、线条划分、材料选择等,然后再分区域的细化阅读,对一些问题应作出标记或记录。

4. 对重要部位或构件要做重点的记忆

在对建筑立面有了基本了解之后,要集中精力仔细审读建筑立面的重点部位。这些重点部位一般包括:檐口部位(如:山花、女儿墙顶部造型)、主入口的处理(包括雨篷、台阶等)、阳台、勒脚、重要的线脚等。

这些重点部位对形成建筑的立面效果作用极大,而且对施工的要求也比较高,应当准确领会。

5. 认真对待立面图中的每一条线

立面图中的线条比较繁杂,而且多用细实线表现,每一个线条都代表一个技术信息。既有体现建筑墙体前后和转折变化的,也有表示门窗洞口和门窗分格的,还有表示材料界限的,更多的是表示立面线脚的。在读图时一定要认真、细致,对每一个线条都要仔细研究,借助平面图、剖面图、有关的详图和文字说明,得到正确的结论。

6. 注意细部构造设计是否满足施工要求

立面图中有很多涉及细部构造的问题,有一些细部构造问题可能会有另外的图纸做出细化设计,如:局部装饰的具体设计、玻璃幕墙的分格设计、重要线脚的设计等,还有一些细部的构造可能是程式化和规范化的，如：某种山花、某种柱式，这就需要查找必要的资料，并向设计者咨询。

材料的色彩和质感对建筑立面效果也有较大的影响，特别是颜色，不同的人对其的认识和判别可能会有较大的差异，应当结合材料的样板来解决这个问题。

7. 对照读图、一一落位

要结合平面图、剖面图的内容，来识读立面图。尤其要借助它们来解决建筑立面重点及复杂部位的识读问题，采取"抽丝剥茧"的方法，使其一一落位。

8. 建立大局观、为下步读图做准备

阅读立面图和阅读平面图一样，实际的阅读过程也不是把平面图、立面图和剖面图严格分隔开的。在阅读立面图的时候，是以阅读立面图的内容为主，但一定要要借助平面图和剖面图来验证一些图面的信息。

10.3 建筑剖面图的识读

用一个假想的垂直于地面的剖切平面，将建筑剖开，然后移去观察者与剖切平面之间的部分，作出建筑剩余部分的侧面正投影，称为建筑剖面图，简称剖面图（图10-11）。

剖面图可以用一个简单的剖切面剖切，也可以用一个转折的剖切面剖切。建筑剖面图与平面图、立面图配合，可以把建筑的整个空间清晰的展示出来。

10.3.1 建筑剖面图的作用和内容

1. 建筑剖面图的作用

剖面图主要表示房屋的竖向空间形式、建筑的分层情况、竖向交通系统、各层高度、屋面形式、建筑总高度、室内外高差及各配件在垂直方向上的相互关系等内容。在施工中，可作为进行高程控制、砌筑内墙、铺设楼板、屋盖系统和内装修施工等的依据，是与平面、立面图相互配合的不可缺少的重要图样之一。

2. 建筑剖面图的内容

建筑剖面图主要反映建筑的竖向空间信息，内容虽然没有平面图多，但由于是一个虚拟的空间图纸，而且表现方式与我们的观察习惯略有差异，识图的难度比较高。

建筑剖面图的主要内容如下（图10-12）：

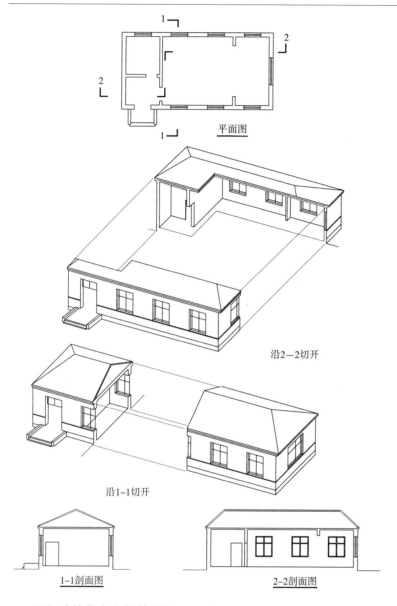

图 10-11 剖面图的形成

(1) 建筑竖向空间的设计

建筑的竖向空间是建筑三维空间的一部分,它与平面空间一起构成了建筑的整体空间,剖面图的一个核心任务就是要表现建筑竖向空间的设计情况。竖向空间与平面空间相比,虽然信息量小一些,但表现的方式不如平面空间那么常见,识图具有一定的难度。

(2) 高程控制和竖向尺寸标注

高程控制及竖向尺寸标注是剖面图另外一项重要任务,尺寸标注的原则与平面图基本相同,只是另外增加了一个高程控制的项目。

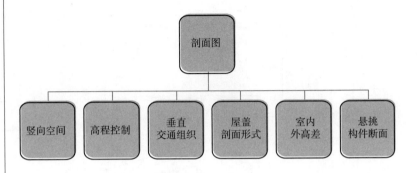

图10-12 建筑剖面图的主要内容

建筑的重要高程有：地面与楼面标高、室外地坪标高、阳台及雨篷等重要悬挑构件的标高、屋顶标高、人行通道标高、楼地面局部变化处的标高等。

(3) 垂直交通设施的竖向组织

建筑内部常用的垂直交通设施有楼梯、电梯、自动扶梯和坡道，其中电梯采用的是垂直上下的运行方式。其他三种设施采用的是倾斜移动的交通方式，也就是说它们的主要构件是倾斜放置的（如：楼梯的梯段），只有通过剖面图才能够表示清楚。

(4) 屋盖的剖面形式

近年来，随着人们对建筑美观要求的不断提高，"火柴盒"式的建筑越来越少，坡屋顶建筑日见增多。坡屋顶建筑的屋盖剖面形式要比平屋顶丰富和复杂得多，剖面图是表现屋盖剖面形式的有效手段。

(5) 室内外高差

为了保证首层室内地面的干燥、防止雨水倒灌、体现建筑的精神功能和地位，所有建筑均留有大小不一的室内外高差（民用建筑至少为300mm，单层工业厂房至少为150mm）。剖面图要标清室内外高差的情况，对坡地建筑就更为重要。

(6) 悬挑构件

有一些悬挑构件空间形状是由平面图和剖面图共同体现的，通过剖面图可以确定一些形状简单的悬挑构件的形状。

3. 建筑剖面图的分类

(1) 按照剖切方向和方法来分类：

1) 横剖面图：沿着建筑的横向进行剖切，相当于把建筑"拦腰截断"。横剖面图反映的建筑竖向信息比较丰富、全面，在实际工程中应用十分普遍。

2) 纵剖面图：沿着建筑的纵向进行剖切，相当于把建筑沿长度方向剖开。纵向剖面的图面信息量没有横向剖面多，而且图面较大，一般不用。

3）完全剖面图：把建筑沿横向或纵向完全剖开，绝大多数的剖面图都属于此类。

4）局部剖面图：把建筑的局部剖开（如：楼梯间剖面图），多用于局部竖向变化复杂的建筑，这样做的好处是可以减小图面的面积、去除不必要的信息。局部剖面的剖切范围用剖面符号的位置进行界定。

（2）按照编号来分类

剖面图和平面图一样，图的数量应当满足设计和施工的需要，要完整准确的反映建筑竖向的变化。在一般规模不大的工程中，建筑的剖面图通常只有一个。当工程规模较大、平面形状及空间变化复杂时，则要根据实际需要确定剖面图的数量,也可能是两个或多个。

当剖面图在两个及两个以上的时候，就需要进行编号，就像平面图要分为首层、二层、顶层一样。

图 10-13 是剖面图的举例。

10.3.2 建筑剖面图的识读

剖面图中所包含的技术信息量要比平面图少，但由于剖面图的虚拟性，加入了标高符号，再加上人们对竖向空间熟悉程度等因素的影响，剖面图的读图具有一定的难度。总的说来，阅读剖面图要注意以下几个问题：

1. 结合平面图，对剖切位置和剖视方向做出准确判断

在阅读剖面图的时候，首先要根据首层平面图中的剖切位置、剖视方向以及剖面编号，对剖面图所表示的剖切部位做出准确、清晰的判断，这是读图的关键。

合理的选择剖切位置，对剖面图的应用价值具有极大的影响。通常是选择建筑竖向变化较复杂和重要的部位进行剖切,如：楼梯间、门厅、入口、同层楼（地）面高差有变化的部位。

一般情况下，只要剖切位置选择得当，剖视方向并不影响剖面图的使用效果。但如果剖面位置经过楼梯间时，要使剖切位置与剖视方向相配合，避免出现投影上的矛盾。要遵循"剖左侧的楼梯段，应当向右看；剖右侧的楼梯段，应当向左看"的原则。

2. 先简后繁、先易后难

与识读平面图、立面图一样，应当先用一些规模较小、层数较少、同一楼层标高无变化或比较简单、竖向空间简单的建筑作为练习的载体，初步熟悉建筑剖面图的技术信息、表现特点。在

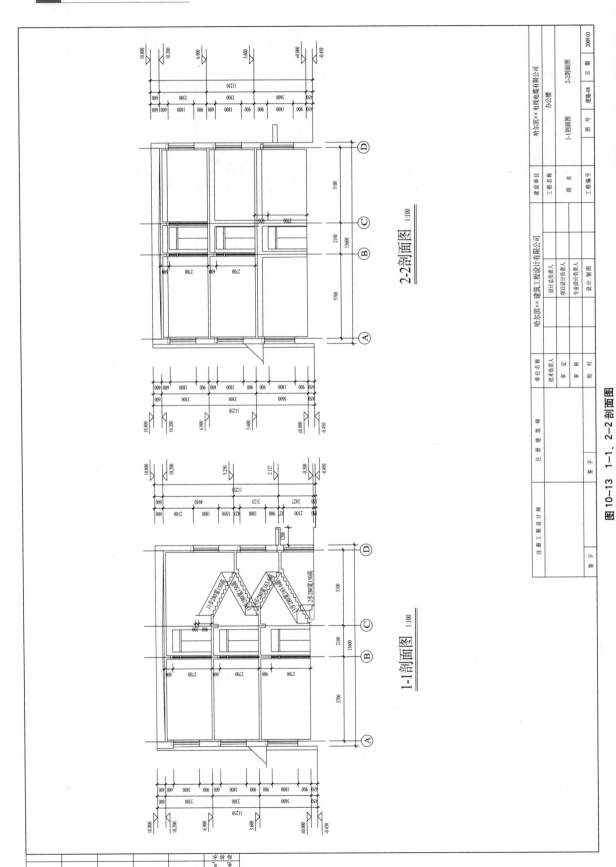

图 10-13 1—1、2—2 剖面图

此基础上，逐步加深读图的难度，进而提高读图的水平，掌握识读剖面图的能力。

3. 先整体、后局部

识读剖面图与识读平面图和立面图一样，也要经历一个先整体、后局部；先通读、后精读；记忆和检索相互配合的过程。在识读剖面图的时候，应在掌握建筑平面布局及立面特点的基础上，根据不同的剖切部位，在脑海里形成一个建筑虚拟空间（这是识图能力的关键），然后再分楼层、分部位的细化阅读，随时与平面图和立面图进行比较和对接，对一些问题应做出标记或记录。

4. 对重要部位要做重点的记忆

在对建筑剖面有了整体了解之后，要集中精力仔细审读建筑剖面的重点部位。这些重点部位一般包括：楼梯、电梯、自动扶梯等竖向交通设施，还有门厅、中庭、回廊、屋顶、楼（地）面标高变化处、室内外高差的关系等。

这些重点部位是建筑空间变化的关键部位，如果认识出现偏差，将会给建筑施工带来不可弥补的损失，必须要给予足够的重视。

5. 楼梯是识读剖面图的重点

楼梯在建筑中属于空间关系比较复杂，识图的难度也比较高的构件，是阅读剖面图的重点之一。要结合平面图，掌握楼梯的空间变化，对重要部位的标高尤其要给予足够的重视，这些部位包括：楼梯平台、位置重叠的平行梯段之间的净空、首层平台下人行通道的净高等。尤其当楼梯首层平台下作为人行通道时，因为净空较小，其净空高度更要得到保证，以免影响使用和安全。

有些设计会单独给出楼梯设计详图，此时剖面图主要是表现楼梯的组织形式、重要部位的尺寸与标高、每段楼梯的踏步数量及踢面尺寸。一般不会说明细部的构造做法，这些问题应当在楼梯详图中规定。

有些设计不单独给出楼梯详图，则楼梯的全部信息都要通过平面图和剖面图表现出来，剖面图主要应表现楼梯的竖向尺寸、空间组织形式、栏杆及扶手的构造做法。有时候还要借助必要的节点详图以及文字说明来解决问题。

6. 注意细部高程的变化

为了满足使用或造型的需要，许多建筑的同层地面或屋顶会有高程的变化，如：卫生间的地面一般要低于其门外的地面；为了争取更大的净高，首层车库的地面及门厅的地面可能比其他位置低一些；某些大面积的房间可能会采取把局部屋顶升高的办法来解决室内空间比例的问题。这些变化在平面图中一般会通过在楼（地）面标注高程的方式进行说明，但不够醒目，而且不能解决复杂的变化，剖面图一般会表示出这些有变化的部位，在读图时必须要辨认清楚，以免出现偏差。

  7. 对复杂造型屋顶的识图要认真对待

   目前，建筑的体型越来越丰富，一些建筑的空间也随之需要做成灵活多变的形式，如：体育馆、展览馆、航站楼等，许多住宅也采用坡屋顶形式。应当说，屋顶形状的复杂化给识图带来一定的困难，要本着仔细、认真、耐心的态度来对待这个问题,借助于平面图、立面图、效果图及建筑模型的帮助，度过这道难关。

  8. 对照读图、——落位

   要结合平面图、剖面图的内容，来识读立面图，尤其要借助它们来解决建筑立面重点及复杂部位的识读问题。

  9. 综合整理信息，建立整体概念

   前面说过，实际的读图过程也不是把平面图、立面图和剖面图严格分隔开的。可以按照平面图→剖面图→立面图的顺序读图，也可以按照平面图→立面图→剖面图的顺序读图。但应当从平面图入手，而且总的要求为：随着读图的深入，对建筑的认识应当不断加深，最终形成整体的概念。

单元小结

- 平面、立面、剖面图是利用平面空间分方位表现建筑空间的一种手段，通过既独立又联通的读图过程，能够准确、清晰地掌握图面信息，进而形成对建筑整体和局部的空间认识，是检验自己是否具备识图能力的重要标志。

- 平面图，尤其是首层平面图是一套建筑专业图纸中最重要的组成部分，要集中精力，认真对待。

- 立面图虽然比较直观，但其中的线条数量较多，而且含义复杂，要对照平面、剖面图逐个落实，正确领会。

- 剖面图的读图难度较高，要充分利用对平面图和立面图的理解，最终读懂它。

- 养成平面、立面、剖面图之间，不同楼层之间，不同部位之间互审与互校的习惯，这些对施工的意义重大。

- 由下至上、由粗到细，由整体到局部，由平面图入手、逐步展开，平面、立面、剖面图相互借鉴和对照是读图的基本原则。

练习与训练

1. 学生根据教师提供的标准图集，通过指定节点的识读，了解标准图集的使用特点。

2. 学生分组识别有关的图例和符号，并进行绘制。

3. 利用一套别墅或小型建筑的平、立、剖面图作为训练载体，学生按照读图的基本程序进行识读，然后分组讨论，对图中信息进行确认。在达成共识的基础上，每组派一名代表在全班面前讲图。

4. 教师设计若干套中等规模的民用建筑平、立、剖面图，去除部分可能在不同图纸中重复出现的图面信息（如：轴线编号、部分尺寸、标高等），学生通过读图填上图中所缺的信息。

5. 教师设计若干套中等规模的民用建筑平、立、剖面图，并在图中设置10～20处"障碍"，包括：尺寸误差、图面深度、表现方式、图面标准化方面的错误等。由学生通过阅读图纸找出错误之处，并指出正确的做法。

单元 11
建筑详图的识读

我们都有过这样的经历，在观看一张人数很多的集体合影的时候，一般只能看出某个人的大致轮廓，如果想要细致的观察，只能有两个办法：一是把这张照片的篇幅放大（相当于把图幅加大），或者把自己想仔细观看的那个人的所在部位放大。把整张照片放大，会增加制作成本，同时还会把一些我们不关心的人物也随之放大，使重点人物的地位不够突出，而且会影响观察的效果。把照片的局部放大，既可以节省制作成本，又可以突出观察的重点，是一个好办法。

如果把建筑的平面、立面、剖面图看成是一张集体照片的话，建筑详图就相当于是这张相片中某一个人的特写。为什么要给某个人拍特写，而不是给每一个人都拍呢（建筑的各部位构造的复杂程度不同，有许多部位的构造是重复的，相当于千人一面，没有必要——放大）？那是因为，我们对这个人的模样非常关心，需要仔细地观察。对建筑而言，需要特别关心的部位往往为：构造复杂的部位、空间关系多变的部位、形状变化大的部位、功能重要的部位。

通过前面的学习，我们已经掌握了建筑平面、立面、剖面图的识读方法，实现了运用工程语言了解技术信息的目标。

- 平面、立面、剖面图是建筑专业施工图的全部吗？
- 我们还有其他的学习任务吗？
- 一套建筑专业施工图纸为什么要有详图呢？
- 详图的作用是什么？有特殊的读图要求吗？

本单元将解决以上的问题。

11.1 建筑详图的作用和内容

建筑的平面、立面、剖面图实际是建筑平面要素的集合，对我们了解掌握建筑的整体情况具有极大的意义。建筑详图是某个要素的放大图，我们放大它的原因是：形状或构造比较复杂，位置比较重要。

11.1.1 建筑详图的作用

建筑详图对施工具有极大的指导意义，是施工技术层和劳务层人员都需要掌握并认真执行的。因为，建筑的整体效果往往是通过不同的细部构造体现出来的，从细部的构造关系到建筑的构件比例、观感效果、使用效果和舒适性，都直接影响到建筑的功能发挥，需要认真对待。

建筑详图，也称为大样图或节点图。详图的比例应当根据实物的大小及内容的繁杂程度合理的选择，常用的比例有 1:1、1:2、1:5、1:10、1:20、1:50 几种。

11.1.2 建筑详图的内容

一般说来，建筑详图的主要内容有以下几点（图 11-1）：

1. 建筑的细部构造

为了满足使用功能、观感效果以及节能的要求，建筑有许多部位的构造比较复杂，往往由多种材料组合、构造层次繁多。由于建筑的实际尺度较大，因此建筑的平面、立面、剖面图一般采用较小比例绘制（比例经常为 1:100），导致许多细部构造、材料和做法等内容在这些图中很难表达清楚。为了满足施工的需要，常把需要详细描述的局部构造用较大比例绘制成详细的图样。

2. 建筑的细部尺寸

有一些建筑的装饰造型复杂、多变，控制尺寸较多，为了在施工及构件加工的过程中保持精确度，一般需要对这些部位绘制放大图。

3. 有关设备的安置

现代建筑中有许多依附于建筑主体的设备，这些设备有的是为了满足使用的需要，如：配电箱、有线电视和电话接线盒等；有的是为了保证建筑的使用安全设置的，如：消火栓、事故照明灯箱等。为了节省空间，这些设备箱通常都是镶嵌在墙体里的，这就需要在主体施工过程中在指定位置预留孔洞，有的时候需要绘制详图进行说明。

4. 门窗的分格

为了追求个性和满足使用要求，有许多建筑门窗分格和开启方式是由设计者专门设计的，为了表达设计意图，需要绘制门窗立面详图，作为加工的依据。

通常玻璃幕墙也需要给出立面分格图。

5. 文字说明

建筑详图的文字说明主要是解决图面不易表示清楚或工艺要求较高的构造问题，它们既可以写在构造层次索引中，也可以写在引出线上，有些时候还可能单独行文，作为建筑详图的补充。

11.1.3 建筑详图的分类

根据目标的不同，建筑详图可以分为以下三种：

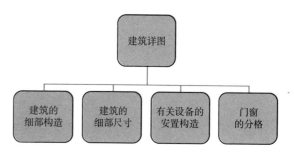

图 11-1　建筑详图的内容

1. 建筑局部空间的放大图

有些建筑的房间面积比较小、内部设备多；有些建筑的部位平面和空间的关系复杂。如果单纯依靠平面、立面、剖面图，很难把所有的技术信息表示清楚，会给施工带来困难和隐患。通常把这些空间局部放大，形成详图，如：楼梯详图、卫生间详图、厨房详图等。建筑局部空间的放大图主要表示空间的细部尺寸、设备位置，构造问题通常用文字或索引来表示。

2. 建筑构配件的放大图

有些建筑构件造型复杂或控制尺寸较多，在平面、立面、剖面图中不易表示清楚，往往需要绘制放大图，如：玻璃幕墙立面、门窗立面、台阶详图、阳台详图等。建筑构配件的放大图主要表示构件的控制尺寸和细部尺寸，构造问题一般利用文字进行说明。

3. 建筑细部的节点构造图

建筑有许多构造复杂的部位，还有一些细小的线脚的剖面形状复杂，这就需要绘制节点详图来做详细的说明。常见的节点包括：檐口部位、楼梯栏杆分格和扶手断面、踢脚、线脚等。节点详图既要标出必要的尺寸，也要表现出构造做法，一般还要辅以文字说明。

11.2 外墙详图的识读

外墙详图又叫外墙大样图，是最重要的建筑详图，几乎每一套建筑施工图中都要包括有外墙详图。

外墙详图相当于是外墙的垂直剖面放大图，包含的信息量较多，通常有：散水坡构造、勒脚构造、防潮层构造、窗台构造、楼（地）面构造、墙体剖面尺寸和造型、檐口构造、屋面构造等。有时候阳台、雨篷的构造也要在外墙详图中表现。

图 11-2、图 11-3 是外墙详图的举例。

由于外墙详图内容比较复杂，对施工影响极大，因此需要认真对待，在读图时需要注意以下几点：

11.2.1 认真领会构造要求

外墙详图的核心价值就是要把建筑外墙的细部构造表现清楚，这也是施工所需要的，作为施工一线的技术人员一定要准确理解设计的构造意图，以便于实施。通常情况下，构造的缺陷不会影响到建筑的安全，但却对建筑的使用效果具有极大的影响，关系到使用者对建筑的评价，所以说"构造无小事"，特别对防潮层、屋面等位

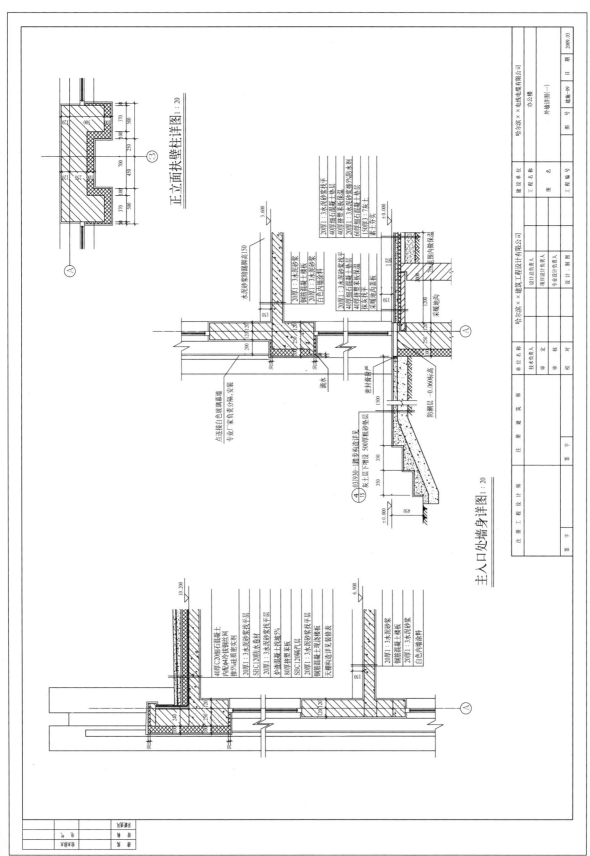

图 11-2 外墙详图（一）

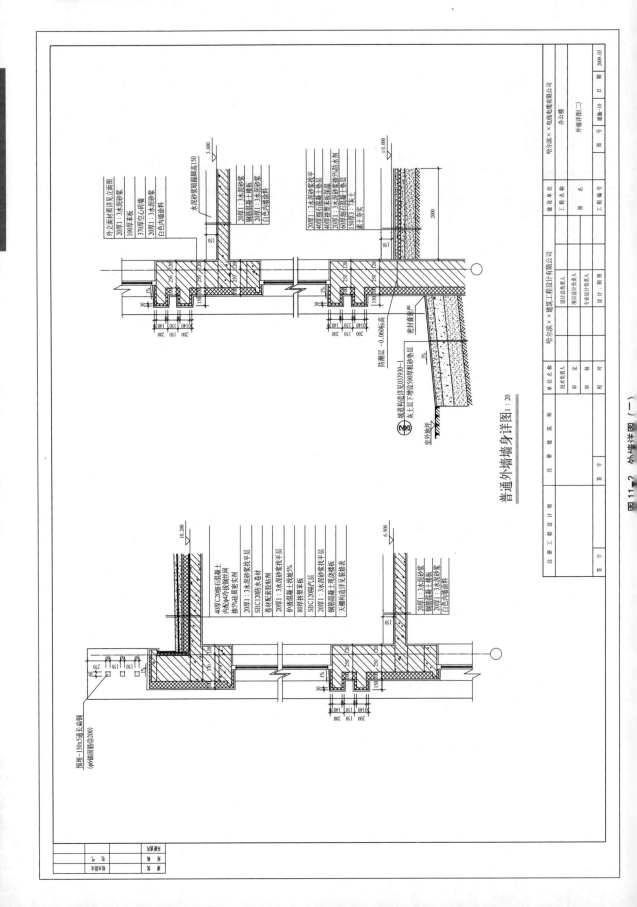

图 11-2 外墙详图（一）

置隐蔽、维护不易的构造，要给予特别的重视。构造的使用效果，与采用的材料、相互位置、施工方式和程序关系密切，要严格按照设计要求施工。

需要说明的是，在保证使用效果的前提下，可能有多种可选择的构造做法，设计中指定的是其中一种做法，如果认为设计指定的做法存在调整的余地，一定要在施工之前用正式文本向设计单位提出洽商，经同意，并对设计作出修改之后才能进行施工。

11.2.2　注意细部尺寸

在外墙详图中可能会有一些平面、剖面、立面图中没有体现的尺寸和标高，这些尺寸和标高对外墙的施工具有指导意义，应仔细研究，并与有关图纸相互对照。当建筑的楼层较多时，外墙详图往往采取标准楼层构造的方式来表示标准层的楼（地）面及窗上、窗下墙的构造，此时应标注通用的楼面标高。

有一些剖面形状复杂的线脚也要在读图时了解清楚，还要检查图中尺寸是否标注的清晰、准确，能否满足施工或委托加工的要求。

11.2.3　屋面和檐口构造是重点

屋面和檐口的构造通常比较复杂，一般也不会另外给出节点详图，所以在阅读外墙详图的时候，一定要把它们的构造要求和做法了解清楚。对卷材防水屋面而言，在读懂构造图的同时，还要特别注意各构造层次之间的相互关系；对有组织排水的檐口而言，要特别留心排水口处的构造要求。

11.3　楼梯详图的识读

楼梯详图一般由楼梯的平面和剖面图组成，如果楼梯栏杆和扶手的造型复杂，通常还要绘出它们的细部详图。并不是所有的建筑专业施工图都要给出楼梯详图，如果在平面图和剖面图中可以把楼梯的全部技术信息表达清楚，也可以不单独绘制楼梯详图。

图 11-4 是楼梯详图的举例。楼梯详图的识读要注意以下问题：

11.3.1　解决对楼梯段空间关系和投影变换的认识

楼梯段是建筑中为数不多的倾斜放置的构件之一，空间位置多变，再加上楼梯踏步，导致楼梯段的投影比较复杂（线条多，楼梯段被剖切面局部截断），是识图的难点之一。在阅读楼梯详图的时候，

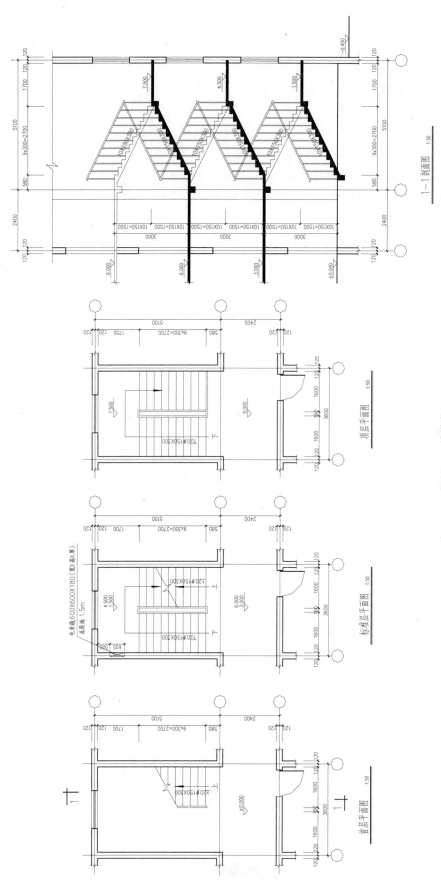

图 11-4 楼梯详图

要灵活运用对投影规则的认识，掌握楼梯段投影的基本规律：

（1）每段楼梯均可以解决人们的上下交通问题，标注楼梯段的上下方向是以该层的楼（地）面为起点的，而不是以中间休息平台为起点的；

（2）判断楼梯段所在的竖向位置，除了看图名之外，还可以通过楼梯段上标注的上下方向箭头做出判断：首层楼梯段只标"上"（有地下室或首层楼梯间地面降低时除外）；中间层楼梯段既标"上"，又标"下"；顶层楼梯段只标"下"（楼梯通至屋面时除外）。

（3）根据平面图中所标注的剖面位置及剖视方向来对照阅读楼梯剖面图。应当注意的是：楼梯的剖面图的阅读难度较高，楼梯段的起步和方位通常是设计者精心策划的，而且与楼梯间侧墙上设备的使用关系密切。如果不能准确领会设计意图，容易把楼梯的起步梯段方位搞反，出现"镜像"的事故。

11.3.2　掌握楼梯的细部尺寸

楼梯是建筑中对尺寸精度要求较高的构件之一，还要考虑人体尺度和行走步距的要求，导致细部尺寸比较零碎，但尺寸的微小变化会影响到楼梯的使用，甚至涉及到安全的问题，一定要特别注意。楼梯对细部尺寸要求高的部位如图 11-5 所示。

11.3.3　了解楼梯的细部构造

为了满足使用和美观的要求，楼梯的细部构造比较复杂，构件之间的连接方式也比较多，在读图的时候要结合文字说明仔细的进行研究，准确领会设计意图。楼梯构造复杂的部位如图 11-6 所示。

11.3.4　对墙中设备箱给予足够的重视

大多数情况下，楼梯间的墙上会设置一些设备箱，这些设备箱往往是镶嵌或部分镶嵌在墙体当中的，这就需要在墙体施工过程中

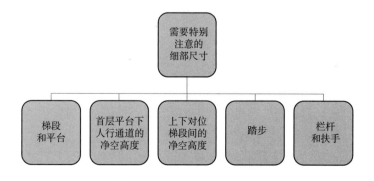

图 11-5　需要注意的细部尺寸

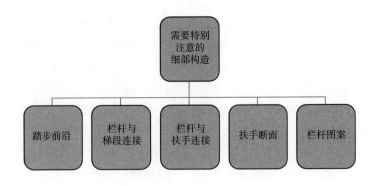

图 11-6 需要注意的细部构造

做预留，要通过读图掌握设备箱的位置、高度、尺寸等信息，并在墙体施工中做好预留，以免造成浪费。

11.4 住宅单元平面图的识读

住宅单元平面图又叫单元放大图，主要目的是为了表现住宅平面空间的细部和设备。住宅的平面图又叫住宅组合体平面图，是若干单元的组合平面。由于住宅室内会出现面较小的房间或空间，如：卫生间、厨房、储藏室、壁橱、玄关、阳台等。这些房间里面往往还要布置设备，在单元平面图中可以表示的比较清楚。

住宅单元平面图是住宅平面图的组成部分之一，对施工的指导意义极大，应认真阅读，准确领会。图 11-7 是住宅单元平面图的举例。

住宅单元平面图的识读要注意以下问题：

1. 注意非承重墙的定位

在住宅组合体平面图中一般只表现承重墙及自承重墙的定位，而不表现非承重墙的定位。在读图的时候一定要仔细观察和推算非承重墙的定位，墙体的材料和厚度也要了解清楚。

2. 了解室内门窗的全部信息

住宅内部门窗的位置、宽度、开启方式、开启方向、编号等信息均要在单元平面图中表现。在读图的时候要进行认真的判别，还要与门窗统计表相互对照。

3. 掌握细部尺寸和构造

由于住宅的内部空间组合复杂、功能变化较多，有很多局部变化的地方，许多墙体的断面尺寸在不同的房间里会有所变化；复合墙的构造也要在图中表现。在读图的时候需要逐段、分部位的认真看图，掌握必要的信息。

通风道也是需要特别注意的构造之一，要掌握通风道的位置、

单元 11 建筑详图的识读

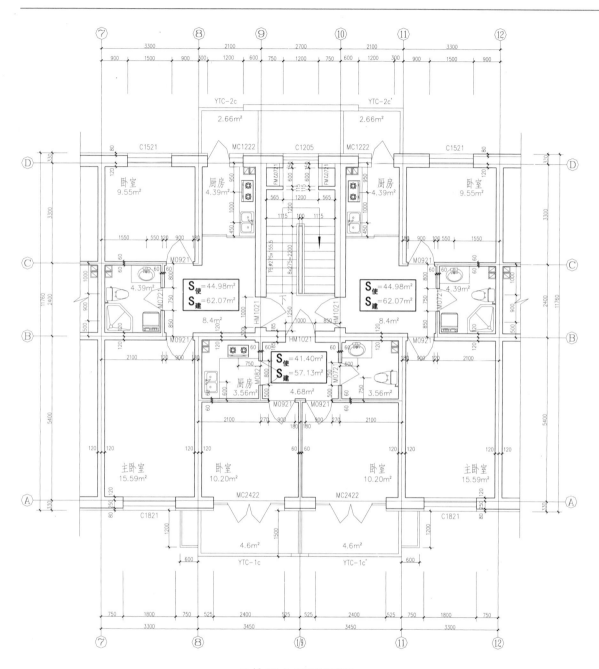

B单元六层平面图 1:50

组织形式、开口方向，并在墙体施工时认真监控，避免造成不可弥补的损失。

外墙门窗的装饰线脚构造也要通过单元平面图掌握，可以与立面图对照阅读。

图 11-7 住宅单元平面图

4. 注意楼（地）面高差的变化

为了设置防水层和满足地面装饰的需要，保证地面积水不外溢。通常情况下，卫生间、厨房的地面标高要比其他房间的地面稍低，有些阳台的地面也低于室内地面。在读图的时候要注意观察这些空间入口处的线条变化，还要仔细核对楼（地）面的标高，得出正确的结论。

5. 确定设备位置

住宅中有设备的房间较多，其中水暖设备、卫生设备、厨房设备需要占用室内空间，其位置是否合适，对这些设备能否发挥作用影响较大。在读图的时候要认清设备的种类，以及与建筑主体的关系，一些设备需要与墙体相互连接，一些设备的竖向管线需要在楼板中留洞，这些都需要掌握清楚，必要时应和结构图对照阅读。

6. 室外附属设施

住宅室外附属设施主要有阳台和空调室外机架。

阳台的平面形状和尺寸要在图中表示清楚，对一些曲线形或折线形平面的阳台尤其要把控制尺寸和关键部位搞清楚。

阳台和空调机架的识读应当与立面图及外墙详图对照阅读。

11.5 其他详图的识读

在大多数情况之下，一套建筑专业施工图除了上述的详图之外，还会有一些其他的详图，主要是为了解决局部的构造问题。这些详图的任务不同，内容也略有差异，在读图的时候要掌握基本方法。

11.5.1 门窗详图的识读

目前，门窗的制作都是由专业生产厂家完成的，如果设计者选用的是标准化门窗，其选型应当在门窗统计表中说明。如果是非标准门窗，就要给出门窗详图。一般情况下，门窗详图是用立面详图的方式表现的，在读图的时候只要掌握门窗的框材和镶嵌材料的种类、厚度和色彩，分格尺寸，开启方式，闭锁方式就可以了。框材的断面或规格由生产厂家按照有关的技术标准进行选择。

11.5.2 台阶详图的识读

有一些大型公共建筑的入口台阶尺度较大，而且构成复杂，往往附有花台、花池、坡道等。大型台阶的平面形状复杂，构造要求也较高，通常需要另出详图。在阅读台阶详图的时候，首先要对控制尺寸和圆弧曲线的曲率（半径）有一个整体的了解，然后再认真识读细部构造,主要有:踏步、防护矮墙、花台、花池、坡道、局部装饰的构造以及有关的标高、坡度及连接部位的构造要求。

11.5.3 线脚和立面细部详图的识读

欧式和中国传统建筑的外墙面往往有一些断面复杂的线脚,柱子表面及柱头、柱脚的造型的要求也较高。如果这些细部造型符合定型的规制,可以在图中作出说明,由施工或加工企业根据资料进行制作;如果这些细部造型不是传统的形式,就需要由设计者给出详图。

在阅读线脚详图的时候,主要应当了解其断面尺寸、圆弧曲线的曲率(半径)、材料选择和构造方式。

阅读建筑立面细部详图的要求与识读门窗详图的要求差不多,但要注意饰面材料的颜色、质感和构造方式,还要明确线脚的凸凹变化。

- 建筑详图是建筑局部的特写,其目的是要把建筑中空间关系复杂、形状多变、控制尺寸多以及构造要求高的部位绘出放大图,进行细致的描述。其中,外墙详图和楼梯详图最为多见,而且读图的难度也比较高,应当给予足够的重视。

- 建筑详图的识图方式和路径与识读平面、立面、剖面图基本相同,在对建筑整体的判断上的要求低于识读平面、立面、剖面图。识图的重点是对建筑局部及节点的细部尺寸、构造做法的掌握。细心观察、准确记忆是关键。

- 建筑的整体效果,是与细部组成分不开的。建筑细部的构造不但要形状准确、构造可靠,还要制作精细、材料的质感和色彩也要符合设计要求。

- 建筑的细部构造需要精细施工,作为技术人员只有真正掌握了设计意图,才有可能把设计的具体要求传递给操作层人员,为指导施工创造条件。

1. 学生根据教师给出的建筑平面、立面、剖面图,进行节点详

图索引与详图的对照阅读练习。在此基础上，借助有关的标准图集绘制指定部位的节点详图。

2. 学生分组阅读外墙详图或楼梯详图，在讨论的基础上，对详图中有关的文字说明进行讲解，大家评议。

3. 教师设计若干套深度不够、尺寸有误、与建筑平面、立面、剖面存在对应问题的节点详图，由学生查找问题，并说明理由。

结　语

　　到这里，我们的学习任务已经基本告一段落了，相信大家的识图能力也有了很大的提高。回顾一下，我们是沿着：投影现象→制图标准及工具→各类投影的原则及绘图方法→识读建筑专业施工图（主要包括：设计文本的识读、总平面图的识读、平面图的识读、立面图的识读、剖面图的识读、建筑详图的识读）的路径一路走来。在学习的过程中，有收获、有困惑、有喜悦、有苦恼。为了我们今后的学习和工作，不管这条路是平坦，还是坎坷，我们都要一往无前，用自己的努力和智慧，达到胜利的终点。实际上，我们此时的位置只是识图旅程中的重要一站，前面还有一些需要我们去征服的新的征程。

　　首先，我们还是要进一步领会投影的基本规则，继续提高自己的绘图技巧。投影基本规则的内容并不多，"平行性、定比性、积聚性、度量性、类似性"及"长对正、高平齐、宽相等"的定理已经耳熟能详，死记硬背并不难，关键是如何灵活运用。建筑的构件直至建筑的整体都是由若干个"面"和"体"组合而成的，把它们按照读图的需要进行拆分、整合、对位、互认，是检验自己是否具有空间想象力的重要标准。绘图对识图能力的形成具有十分重要的意义，在学习过程中不能"只看不画"，而且在今后的工作中还要经常利用绘图的手段来传递技术信息，这对基层技术人员是非常重要的。

　　其次，我们目前只是具有了识读建筑专业施工图的基本能力，估计还不够十分的熟练和自如。而且我们知道，一整套建筑施工图是由建筑专业施工图、结构专业施工图、设备专业施工图组成的。在今后的学习过程中，我们还将面对识读结构专业施工图和识读简单的设备专业施工图的任务。只有完成了这两项任务，才能真正实现建筑专业施工图与结构专业施工图的自如和熟练的对照识读，我们才能说自己具备了胜任岗位要求的识图能力。不过，不同专业施工图的投影原则是相同的，我们已经具有了相当稳固的基础，这也为下一步学习识读其他专业施工图提供了条件、打下了基础。

　　再次，养成良好的读图习惯是一件终身受益的大事，我们要总结经验，固化学习成果。总的说来："从大处着眼、从小处着手，先整体、后局部；细心、耐心、精心、专心；平面图、立面图、剖面图、节点详图的互相对照转换；建筑专业图和结构专业图的互相对照转换；图面图形信息与文字信息的相互结合"等等，是我们能否真正尽快把识图变成熟练行为的关键，就像做一些日常动作一样，随心而且自如。一套建筑工程图往往有几十张，甚至上百张，了解整套图纸的脉络，建立整体的概念是很十分关键的，只有这样才能实现分部位阅读，按需要记忆，根据工作进程随时提取的目标。

最后，需要特别说明的是，图纸中的图形是为了表示建筑整体及各个部位的形状、空间位置关系的，图例一般是为了表示某种材料或构件的，符号是为了表示特定的图面信息的，它们主要是起到"定性"的作用。而图纸、说明及表格中的文字、数字等，是起"定量"作用的，对指导施工具有法律效力。由于种种原因，图纸中难免会有一些错误。读图的时候如果发现错误或疑问，一定不能按照自己的理解去臆断，这样会承担极大的技术风险，可能会给工作带来无可挽回的损失。应当把读图过程中发现的"错误"（也可能不是错误，是对同一事物的不同认识）和疑问记录下来，在图纸会审或工作过程中向设计人员质询，并获取明确的答复和证据。

识图是一项需要认真对待、循序渐进、不断提升的学习和工作任务，要给予足够的重视。相信通过努力，大家一定能够在这方面有所收获和提高，成为优秀的学生和合格的专业人才。

参考文献

[1] 中华人民共和国国家标准．建筑模数协调统一标准 GBJ2—86.

[2] 中华人民共和国国家标准．建筑制图标准 GB/T50104—2001.

[3] 中华人民共和国国家标准．房屋建筑制图统一标准 GB/T50001—2001.

[4] 中华人民共和国国家标准．住宅建筑模数协调标准 GB/T50100—2001.

[5] 中华人民共和国国家标准．总图制图标准 GB/T50103—2001.

[6] 杜军．建筑工程制图与识图．上海：同济大学出版社，2009.

[7] 赵研．建筑工程基础知识．北京：中国建筑工业出版社，2005.

[8] 陆叔华．建筑制图与识图．北京：高等教育出版社，1994.

[9] 张文华，闫丽红．建筑（市政）工程基础．北京：机械工业出版社，2008.

[10] 宋安平．建筑制图．北京：中国建筑工业出版社，1997.

[11] 吴运华，高远．建筑制图与识图．武汉：武汉理工大学出版社，2004.

[12] 乐荷卿．土木建筑制图．武汉：武汉理工大学出版社，1995.